U0286403

北京园林绿化增彩延绿科技创新工程

基于增彩延绿的北京园林植物物候及景观研究

主　　编　董　丽

副 主 编　郝培尧　李进宇　李冠衡

参编人员　邢小艺　张　博　王丹丹　李　慧　李　坤　吴思佳　李逸伦　范舒欣　吴　尚　魏雅芬

COLORFUL PLANT COMMUNITIES IN
BEIJING URBAN GREEN SPACES

北京园林绿化多彩植物群落案例

董　丽　等著

中国建筑工业出版社

习近平总书记在党的十九大报告中明确了"加快生态文明体制改革、建设美丽中国"的新发展目标，树立了"良好的生态环境是人和社会持续发展的根本基础，是最公平的公共产品，是最普惠的民生福祉"的普遍认知。植物景观是城乡风貌的重要组成部分，是一个区域生态环境质量的重要指标，也是保证居民休憩功能的最重要保障，更是一个地区景观美学质量评价的核心组成要素。因此无论一个城市、一个区域乃至整个国土空间，对植物景观的保护、营造和维护都是园林绿化建设最为重要的内容。

改革开放四十年以来，在首都各界的共同努力下，北京市的园林绿化建设取得了巨大成就。北京地处温带，春华秋实、夏荣冬枯、四季分明是其植物景观鲜明的地带性特色。然而，北京的春季虽然繁花似锦，但花期短而集中；夏季绿荫匝地，虽则有云"芳菲歇去何须恨，夏木阴阴正可人"，但满眼绿色仍难免单调；而过于漫长的寒、旱相加的冬季，一方面"玉树琼枝"的美景越来越少，另一方面则是百草凋枯、绿意零星，缺乏生机。随着生活水平的提高，百姓对于生态环境的质量和景观的追求也不断提高。2014年初，习近平总书记在视察北京时指示"要多造林"、"要注重首都冬季景观改善"，因此解决北京园林绿化生态建设中"绿期短、色彩少"的难题，增加城市生物多样性，推动园林绿化高质量发展等成为首都园林绿化建设的重点方向之一。

2015年，北京市园林绿化局启动实施了"北京园林绿化增彩延绿科技创新工程"项目（以下简称"增彩延绿"项目）。项目涉及新优种质资源开发、栽培及养护技术研究，设计研究以及示范工程建设等，涵盖了园林绿化建设的方方面面。项目的开展旨在通过进一步增加首都绿地面积，开发应用丰富多样的植物种类和科学的设计，形成结构合理、景观优美的植物景观，从而增加首都生态空间的生物多样性，提升绿地稳定性，充分发挥园林绿地的生态功能和景观功能，为首都园林绿化建设提供示范。

健康、优美且功能完善的植物景观营造固然受到诸多因子的影响，但从设计角度看"增彩延绿"，顾名思义，一是通过应用花、果、叶等色彩多样的园林植物来丰富植物景观四季色彩效果；二是在尊重地带性气候特点的基础上，在合理应用地带性常绿植物的基础上，充分利用绿色期长（包括春季萌发较早和秋季凋落较晚以及两者兼顾）的植物种类来延长植物景观的观赏期，缩短冬季景观凋零、缺乏生机的时间。这里面体现了植物景观"变化"与"色彩"两方面特征。

相对于园林中其他硬质景观要素而言，植物景观最独特之处，应在于它的变化性。大多数植物的生命周期始于一粒种子，经过萌芽，在年复一年的展叶、开花、结实、落叶循环中完成其个体生命的成长过程，而这一过程中，无时不发生着变化。比如油松，幼龄时株型近似球形，壮龄时亭亭如华盖，老年时却枝干盘虬而有飞舞之姿，这是植物在生命长轴上的动态美；昙花、牵牛花等会在一天甚至更短的时间中经历花开到花落的更替变化；而"千里莺啼绿映红"与"红叶黄花白一川"，描述的恰是植物在一年中因时令循环往复而产生的动态变化，这正是园林中最为生动的季相景观形象。显而易见，植物物候是植物季相景观的基础。色彩作为园林植物景观的永恒主题是普罗大众的共识，也是人类自古以来的追求。无论是"百般红紫斗芳菲"，"接天莲叶无穷碧，映日荷花别样红"，还是"霜叶红于二月花"，均可见植物色彩不仅是时令的表现，更是人类审美的对象，给人类提供了愉悦的感受和心灵的滋润。而这种美景一方面依赖于色彩斑斓的植物材料，另一方面又何尝不是依赖于以物候为指征的植物季相变化。可见，对于园林设计师而言，掌握植物材料的物候特征并据此设计出随季节变化而表现出优美色彩的植物群落，是营造园林植物景观的基础。

两方面的实现，其核心当然是植物材料和植物配植。植物材料方面依赖于开发培育更多绿期长、色彩丰富的优良植物品种，但这是一个漫长的过程，难有立竿见影的成效，需要育种者长期坚持不懈，方可逐渐丰富巧妇为炊之"米"。另一方面则需要设计者充分了解植物材料，尤其是在对其物候和色彩性状充分了解的基础上，成为真正的"巧妇"，合理选择物种和配置方式，做到"物尽其用"，以达到最佳景观效果。后者正是我们开展"基于增彩延绿的北京园林植物物候及景观研究"这一课题的目的。

据此我们进行了两个方面的研究。

第一，北京常见园林树木的物候研究。在北京园林绿化主要应用的树木种类中，有不少乡土树种和适应良好甚至长期应用已归化的引进树种，它们具备或春季发叶早，或秋季落叶晚，甚或两者兼顾的特征。但是如果广大的从业人员，尤其是设计师对植物物候不能细致把握，就难以有针对性地"扬植物所长"，甚至在花期、色彩的搭配上也会由于对物候信息掌握不准确而造成设计的效果难以如愿。实践中不乏许多遗憾。因此，我们在2016至2018年，持续三年对北京市主要木本园林植物的物候进行了科学和详细的观测，并尽可能拍摄了各个发育时期的图像资料，最后将138个种（含品种）的结果编纂成《北京常见园林绿化树木物候手册》，书中以物候为线索，呈现了各个时期的植物形态。当然，植物的物候受到诸多因素的影响，既包括大气候的变化，也包括微气候环境的影响，更何况我们今天还处在一个全球气候变化的大背景下，

所以年际之间的物候不是一成不变的，但三年的均值应该可以提供相对可参考的信息。何况，物候不仅蕴含植物早春萌发和秋冬凋枯的信息，其周年变化特征更是设计师进行植物景观季相设计的基础。我们期待这些信息不仅能给植物景观设计师们提供一手的资料，同时也会给对植物自然知识感兴趣的大众提供一本参考资料，启迪其对植物物候观测的兴趣与热情，开展生物多样性的科普教育，提升民众生态文明意识。

第二，北京园林植物群落色彩研究。在业已建成的北京园林中，不难发现有许多色彩效果优良的植物景观案例，这是前人设计成就的体现。这些美景不仅发挥其综合的景观生态效益，同时也作为活生生的样本，成为后来学者学习的榜样。我们在对北京市园林普遍踏查的基础上，选择了400余个植物群落进行了周年季相色彩景观的跟踪调查及其色彩构成特征研究，最终选取了其中80个群落以及北京在过去几年实施"增彩延绿"绿化工程中提升改造的部分示范工程案例，一并收入《北京园林绿化多彩植物群落案例》。本着对原设计的尊重，采用的是实录的方式。每个案例列出测绘的群落平面图、植物种类信息以及典型的季相照片，期待对于设计师，尤其是对年轻设计师具有一定的参考价值。不可否认，由于研究的初衷是聚焦色彩效果，所以有些群落难免在其他方面存在这样那样的问题，相信读者自能学其精华之处。

此次将研究成果分别成册，前者旨在提供植物材料的物候信息以便设计师合理选择材料，后者提供植物群落配置案例供设计师分析、研习、借鉴，两者各具主题而又相互融通。希望以此书出版为契机，将课题成果普之于公众，以飨广大读者，并望为北京园林绿化建设发展尽绵薄之力。

本课题的研究得到了"北京园林绿化增彩延绿科技创新工程"项目的支持。感谢项目主持单位北京园林绿化局副巡视员王小平、科技处副处长杜建军及其他领导对课题务实而认真的指导。感谢课题总负责人北京林业大学林学院刘勇教授在课题执行过程中的鼎力支持。感谢北京市园林科学研究院高级工程师王茂良老师及其研究团队和北京胖龙园艺技术有限公司赵素敏女士等在新优品种物候研究方面给予热情相助。自2015年始，北京林业大学园林学院植物景观规划设计研究团队的多届研究生参与了此课题，其中邢小艺、李坤、吴思佳、李逸伦、范舒欣、谢雅芬、张嘉琦、孙芳旭、关军洪、熊健、陈雪薇、蒲韵、徐梦林、李夏蓉、黄焰、聂一鸣、赵鸿宇、苏雨崝、张丽丽、关海燕、屈琦琦、李如辰、张梦园、冯沁薇、沈晓萌、蒯慧、舒心怡、刘畅、张清等参与了群落调研、测绘及物候观测工作；邢小艺、李坤、吴思佳、刘畅、张清等参与了图纸绘制。这其中，我的博士生邢小艺同学依托该项目完成了其博士论文研究，并承担了所有调研及资料的汇集及整理工作。王丹丹副教授在提升本书测绘图表现效果的绘制方面投入了大量的精力，一并致以衷心谢忱。北京林业大学"风景园林双一流学科建设项目"和"北京林业大学建设世界一流学科和特色发展引导专项资助"为本丛书出版提供资金支持。在书稿出版过程中得到中国建筑工业出版社兰丽婷编辑的倾力支持，在此表示衷心的感谢。

对自然的认知是无止境的，任何研究成果也都是阶段性的。在成果的整理撰写过程中，我们深感内容还有太多不足，呈现方式也有许多不满意之处，不够成熟和错误之处也定在所难免，恳请读者不吝赐教。

董丽

2019.12

目录

1. 植物群落、植物配置与植物景观

自然界的植物种类多样，千姿百态，但除了极少数的情况下，植物是单株孤立存在的状态，大部分时候植物都是同一种类多个植株或者多个种类的植株生长在一起，即以群体的形式存在。植物学和生态学科用不同的术语来描述不同尺度和不同类型的植物群体，比如种群、群落、森林、草地、灌丛、植被等等，其中群落是风景园林行业在进行植物景观设计时最为常用的术语。植物群落是由生长在一定的地区内，并适应于该区域环境综合因子的许多互有影响的植物个体所组成；它有一定的结构和外貌，并且依环境的发展变化和每个个体自身的生长变化而不断发生着演变。在环境因子不同的地区，植物群体的组成成分、结构关系、外貌及其演变发展过程等就有所不同。因此，可以说一个植物群落是该地区各种条件共同作用的结果，也是对各种条件的综合反映，比如高海拔地区的针叶林群落、温带地区的针阔叶混交群落、沙漠地区的沙生植物群落以及水体中的水生植物群落等等。

与上述自然界形成的植物群落相对应，人类的生产栽培活动和改善人居环境的活动也创造了各种植物群落，比如农田中不同的作物群落、城乡园林绿地中的植物群落等。后者正是本书所研究的对象，可称其为园林植物群落。人工栽培群落的形成和具体发展过程、方向与结果服务于人的需求，因而是受人类的栽培和管理活动所支配，但其发生、发展和演变的内在规律却与自然群落相同，也即栽培群落在特定阶段的外貌、结构也是环境各种条件共同作用的结果。

而所谓植物景观，"主要指由于自然界的植被、植物群落、植物个体所表现的形象，通过人们的感观传到大脑皮层，产生一种实在的美的感受和联想。同时也包括人工的即运用植物题材来创作的景观。"[1] 可以看出，植物景观包括植物存在的所有尺度，既包括一棵独立的孤树（园林中称作"孤植"树），更包括各种尺度的植物群落和植被，既包括自然界的，也包括人工栽培的。虽然说大自然的植物景观主要是人类"审美活动"的产物（当然植物的存在还是人类生存和发展的最重要基础），但人工栽培的植物景观则是人类对植物多种功能需求的结果。园林绿化中所提到的植物景观规划设计广义上包括对各类植物景观的保护、恢复、修复、改善、营造和管理维护等，狭义上则更侧重于城乡人居生态空间植物景观的营造方面，即人工栽培植物景观的营造。除了"孤植"这种特殊植物景观外，可以说植物个体是植物群落的基本组成要素，而植物群落是植物景观构成的基本单元。所以，园林绿化植物景观营建时，在总体规划的基础上，其核心内容就是植物群落的设计，也即根据场地的条件及人类对于其在生态、实用、文化及观赏等方面的功能需求，合理地选择植物种类进行科学搭配的过程，也称作植物配置或者植物群落配置。

① 苏雪痕（1994）. 植物造景.
北京：中国林业出版社.

具体而言，植物群落配置就是指按照植物生态习性、观赏特性、园林布局及景观营造要求，基于科学性及艺术性原理，将乔木、灌木、藤本及草本、地被等植物按一定结构合理配置在一起，使其展现出层次丰富、空间合理、色彩和谐、季相多变的景观效果，并发挥生态功能、实用功能及社会效益。植物群落配置涉及植物选择、艺术手法、空间营造、与园林建筑等其他景观元素的搭配及与周围环境的和谐统一等多方面的考量，是城乡园林绿化设计中的关键环节，对于景观效果的呈现至关重要。当然，在不同历史阶段和不同地区，由于人类面临的生态环境问题、气候条件、文化传统和生产生活方式不同，对于植物景观的功能诉求是不同的。在城乡人居环境中根据功能不同有着不同的绿地类型，居民对于其植物群落的实用、审美及生态效益等功能诉求也必然不同，群落配置时也各有侧重。

正是因为人工栽培群落和自然群落演变的内在机制是一样的，所以植物群落设计的核心要领是"师法自然"，这其中既包括"因地制宜，适地适树"的植物种类筛选原则，也包括物种个体之间的结构关系，即搭配原则。但是，人工植物群落设计所谓的"师法自然"并不是"照搬自然"，因为自然界的植物群落可能很美，但是因为各种条件的限制难以"模拟"；也因为自然界的植物群落可能很美，但是并不一定能满足城乡居民的综合功能需求。人工群落配置是要在对地带性自然植物群落的特征充分了解的基础上，根据场地的条件和功能需求，在市场上能够供应的植物材料范围内，科学选择，合理搭配。实践中，由于设计师对于植物群落设计知识的欠缺，不乏因为各种问题而导致设计难以实现其应有之功能。因此植物群落设计既需要广博而深厚的自然和人文科学的基础，也需要长时间的专业实践的积累。他山之石，可以攻玉。借鉴学习前人优秀的设计方法，也是年轻设计师成长的必经之路。

2. 北京园林绿地植物群落调查

北京地处温带，冬季漫长且寒冷干旱、绿意凋零，夏季炎热，在短暂春季的繁华过后，满目苍翠。虽则这正是其地域性特色，但长期的凋零和绿色也不免单调。人们在享受冬季树木落叶后带来的阳光和夏季绿涌叠翠中遮荫降暑之时，也要追求视觉上因景观的适度多变和色彩丰富而带来的愉悦之美。此种追求，实难苛责，于是就成了行业的难题。解决这个难题，首要是应有丰富的植物材料，另一方面就是植物群落的设计了。

北京的园林绿地建设除了丰富而杰出的历史文化遗产比如颐和园、北海公园等等之外，在中华人民共和国成立后70年的发展历程中也取得了巨大的成就，不乏优秀的植物景观和植物群落设计案例。对这些优秀案例进行收集整理，供广大园林行业年轻从业人员学习和借鉴，实为必要。

据此，研究团队在2016~2018年，选择北京建成时间较长、植物材料应用具有一定特色、整体植物景观效果较好的各类型城市绿地进行植物群落的普查。调研地点包括城市公园如龙潭公园、陶然亭公园、玉渊潭公园、朝阳公园、北海公园、景山公园、元大都城垣遗址公园、紫竹院公园、奥林匹克森林公园、海淀公园、巴沟山水园、庆丰公园、北京植物园等；郊野公园如东升八家郊野公园、黄草湾郊野公园、将府郊野公园等；道路附属绿地如北清路道路绿化带等。在实测群落数百个的基础上，以季相色彩变化作为最主要指标，结合其他功能进行初步评价，筛选出70个较为优秀的群落，对其进行了持续的季相变化的观测，并以照片实录，结合对其植物材料构成、配置方式、季相色彩等景观特征等的分析一并呈现于此书。书中同时收录了部分"增彩延绿科技创新工程"启动之后建设的示范工程项目，这些项目大都是对原有的植物景观进行了色彩效果提升，包括西城区复兴门绿地示范区、东城区明城墙遗址公园示范区、朝阳区和谐雅园社区示范区、通州区东郊湿地公园示范区以及丰台区北宫森林公园示范区等。

如前所述，植物群落的功能是多样的，季相色彩丰富美观只是其特征之一，不能作为衡量群落优良与否的唯一指标；反之，追求色彩美观也是植物景观优美的重要组成内容，不能因为植物群落发挥其他功能，就一味否认对色彩美的追求。本书收录的群落是以色彩美为主要评价指标，导致一方面大量在其他方面设计优良的群落在本书中可能并未得到重点关注，另一方面表明收录的群落难免在其他方面存在不足，如若设计师们在阅读本书的过程中，见仁见智，吸收优点，摒弃缺点，在借鉴的基础上因地制宜设计出更好的植物群落，是为本书编写的最终目的。

北京园林绿化多彩植物群落案例解析

本书对北京 19 处绿地中的 70 例多彩植物群落案例进行展示。包括：公园绿地，奥林匹克森林公园 11 例群落、朝阳公园 2 例群落、陶然亭公园 1 例群落、龙潭公园 1 例群落、紫竹院公园 2 例群落、海淀公园 6 例群落、玲珑公园 1 例群落、北极寺公园 2 例群落、元大都城垣遗址公园 6 例群落、庆丰公园 11 例群落、巴沟山水园 5 例群落、长春健身园 3 例群落、北海公园 4 例群落、东升郊野公园 3 例群落及北京植物园 6 例群落；校园附属绿地，北京林业大学校园绿地 2 例群落；居住区附属绿地，华严北里小区健身公园 1 例群落及紫薇天悦小区绿地 1 例群落；道路附属绿地，北清路道路附属绿地 2 例群落。

北京奥林匹克森林公园奥海北岸植被四季季相动态

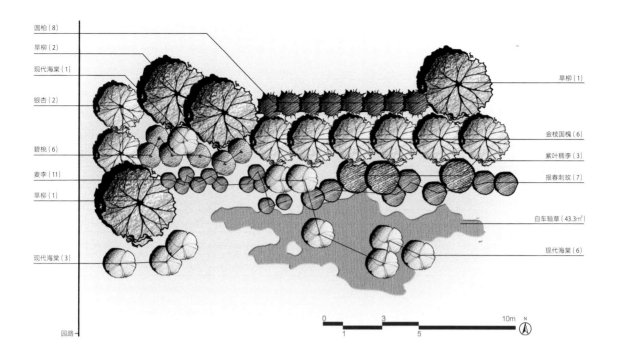

圆柏（8）
旱柳（2）
现代海棠（1）
银杏（2）
碧桃（6）
麦李（11）
旱柳（1）
现代海棠（3）
园路

旱柳（1）
金枝国槐（6）
紫叶稠李（3）
报春刺玫（7）
白车轴草（43.3㎡）
现代海棠（6）

0　1　3　5　10m　N

01 奥林匹克森林公园
植物群落 1

圆柏──旱柳+金枝国槐+银杏+碧桃+紫叶稠李+现代海棠──麦李+报春刺玫──白车轴草

群落　初春季相

群落　仲春季相

群落　暮春季相

群落分析

群落位置　道路东侧林缘

群落结构　乔-灌-草复层混交，常绿及落叶树种结合。

景观特色　四季皆能呈现较好的色彩效果，主要观赏季节为春夏秋三季。春季观花树种有碧桃、现代海棠、报春刺玫、麦李等，秋季观叶树种有银杏等，常年异色的树种有金枝国槐及紫叶稠李，四季常绿的树种有圆柏。麦李、稠李等春花树种为较好的蜜源植物，海棠等为鸟类食源树种。

苗木表

分类	植物名	株高（m）	冠幅（m）	地径（cm）	数量（株）
常绿乔木	圆柏	5	1.2	25	8
分类	植物名	株高（m）	冠幅（m）	胸径（cm）	数量（株）
落叶乔木	旱柳	8	3.5	40	4
	金枝国槐	5.5	2.5	18~20	6
	银杏	6.5	2.5	20~25	2
	碧桃	1.2~1.5	2.0~2.5	10.0~15.0	6
	紫叶稠李	3.5~4	1.8	20	3
	现代海棠	3	1.8	15~20	10
分类	植物名	株高（m）	冠幅（m）	地径（cm）	数量（株）
灌木	麦李	0.4~0.6	0.6~0.8	30	11
	报春刺玫	1.5~1.5	1.2~.5	40	7
分类	植物名	面积（㎡）			
草本地被	白车轴草	43.3			

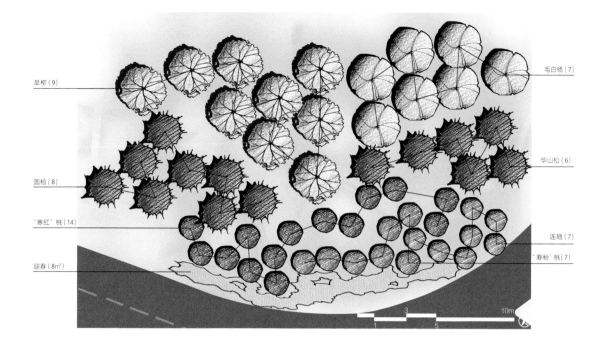

旱柳（9）

圆柏（8）

'寒红'桃（14）

迎春（8m²）

毛白杨（7）

华山松（6）

连翘（7）

'寿粉'桃（7）

3　　　10m
1　5

华山松+圆柏——旱柳+毛白杨 + '寒红' 桃 + '寿粉' 桃——连翘+迎春

群落分析

群落位置　道路交叉口林缘

群落结构　乔灌草复层混交，常绿及落叶树种结合。

景观特色　群落整体主要观赏季在春季，四季葱郁。'寒红'桃、'寿粉'桃、连翘等春季开花景观显著，旱柳及毛白杨绿期长，圆柏、华山松四季常绿。碧桃为优良的蜜源植物。

群落　初春季相

群落　仲春季相

苗木表

分类	植物名	株高(m)	冠幅(m)	地径(cm)	数量（株）
常绿乔木	圆柏	4	1.5	8	8
	华山松	5	3	15	6
分类	植物名	株高(m)	冠幅(m)	胸径(cm)	数量（株）
落叶乔木	旱柳	10	3	10	9
	毛白杨	8	3	20	7
	'寒红'桃	1.8	0.6~0.8	10	14
	'寿粉'桃	1.5	1.2~1.5	10	7
分类	植物名	株高(m)	冠幅(m)	地径(cm)	数量
灌木	连翘	1.5	1.3	10	7株
	迎春	0.4~0.5	—	—	8m²

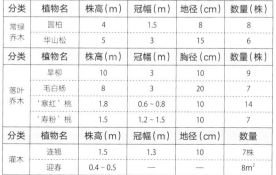

群落　暮春季相

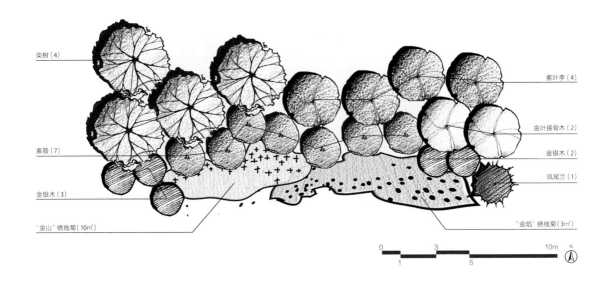

栾树（4）
紫薇（7）
金银木（3）
'金山'绣线菊（10m²）

紫叶李（4）
金叶接骨木（2）
金银木（2）
凤尾兰（1）
'金焰'绣线菊（3m²）

0　1　3　5　10m

N

03 奥林匹克森林公园
植物群落 3

栾树+紫叶李——紫薇+金叶接骨木+金银木——'金山'绣线菊+'金焰'绣线菊

群落 仲春季相

群落 暮春季相

群落 夏季季相

群落分析

群落位置　奥海北岸东侧林缘

群落结构　乔-灌-地被复层混交。

景观特色　群落整体主要观赏季在春夏秋三季，能形成春花烂漫、夏花灿烂、秋叶金黄的良好景观。紫叶李常年异色，绣线菊春叶明亮可观、春花夺目，金银木春季莹莹花开、秋季果实红艳，栾树、紫薇夏花灿烂，栾树秋色叶优美，使得群落秋季也具有较高观赏性。绣线菊、凤尾兰等为蜜源树种，金银木果实经冬不落，为优秀的鸟类食源。

苗木表

分类	植物名	株高(m)	冠幅(m)	胸径(cm)	数量(株)
落叶乔木	栾树	6	4	25	4
	紫叶李	5.5	3	20	4
分类	植物名	株高(m)	冠幅(m)	地径(cm)	数量
灌木	金叶接骨木	5	3	20	2株
	紫薇	1.8~2	2	12	7株
	金银木	1.5	1.8	10	5株
	'金山'绣线菊	0.4	—	—	10m²
	'金焰'绣线菊	0.4	—	—	3m²

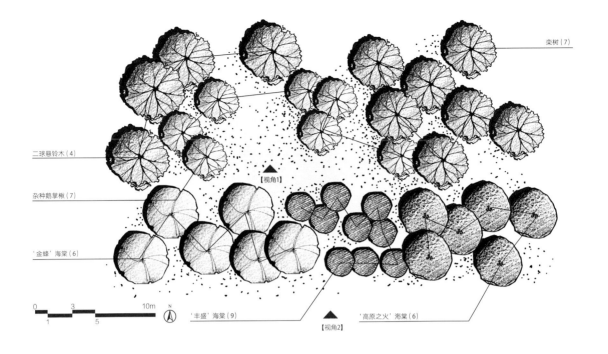

栾树（7）

二球悬铃木（4）

杂种鹅掌楸（7）

'金蜂'海棠（6）

【视角1】

0 3 10m
1 5

N

'丰盛'海棠（9）

'高原之火'海棠（6）

【视角2】

栾树+二球悬铃木+杂种鹅掌楸+'金蜂'海棠+'高原之火'海棠+'丰盛'海棠

奥林匹克森林公园 04
植物群落 4

群落分析

群落位置　仰山南坡

群落结构　乔-草构成的疏林草地。

景观特色　群落以春花秋色为主要景观特色，借助地形形成高低错落的疏林草地景观。现代海棠'金蜂'、'高原之火'、'丰盛'营造出以海棠为特色的繁花似锦的春季景观，杂种鹅掌楸、悬铃木秋色叶夺目。各海棠品种的春花是优良的蜜源，其秋果亦是优良的鸟类食源。

群落　夏季季相（视角1）

群落　秋季季相（视角1）

苗木表

分类	植物名	株高（m）	冠幅（m）	胸径（cm）	数量（株）
落叶乔木	'金蜂'海棠	5	4	15	6
	'高原之火'海棠	4.5	3.5	15	6
	'丰盛'海棠	3~3.5	2.5	12	9
	杂种鹅掌楸	9	3~3.3	20	7
	二球悬铃木	10	5	25~30	4
	栾树	7~8	4.5	20	7

群落　春季季相（视角2）

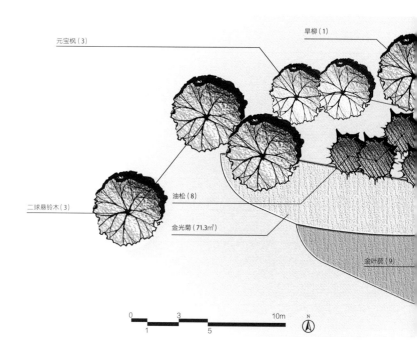

元宝枫（3）
旱柳（1）
油松（8）
金光菊（71.3m²）
二球悬铃木（3）
金叶莸（9）

0　　3　　　　10m
1　　　5
N

05 奥林匹克森林公园
植物群落 5

油松+元宝枫+旱柳+二球悬铃木+杂种鹅掌楸+现代海棠+紫叶矮樱——金银木+野蔷薇+金叶莸+'金山'绣线菊——金光菊

群落分析

群落位置　仰山南坡林缘

群落结构　乔–灌–草 复层混交，常绿及落叶树种结合。

景观特色　群落整体观赏季在春夏秋三季。春季以现代海棠、绣线菊花期为景观特色；金光菊、野蔷薇于夏季开花，极大丰富了群落的夏季色彩；元宝枫、鹅掌楸等秋色叶景观显著；油松作常绿背景为冬季增绿。金光菊、绣线菊及莸是优良的蜜源植物。

'金山'绣线菊
夏季景观

苗木表

分类	植物名	株高（m）	冠幅（m）	地径（cm）	数量
常绿乔木	油松	5～6	2.5	25	14
分类	植物名	株高（m）	冠幅（m）	胸径（cm）	数量（株）
落叶乔木	旱柳	8	5	35	5
	元宝枫	6	3	20	4
	杂种鹅掌楸	7～7.5	2	15	3
	二球悬铃木	3.5～4	5	15	3
	现代海棠	2.5～3	1.5～1.8	15	6
	紫叶矮樱	2	2	10	7
分类	植物名	株高（m）	冠幅（m）	地径（cm）	数量
灌木	金银木	1.6～1.8	1.2	40	3株
	金叶莸	0.4～0.5	0.8	25	28株
	野蔷薇	0.6～0.8	2.5	40	1株
	'金山'绣线菊	0.3	—	—	96 m²
分类	植物名	面积（m²）			
草本地被	金光菊	71.3			

杂种鹅掌楸（3）

柳（3）

元宝枫（1）

酸叶矮樱（7）

油松（6）

旱柳（1）

金叶莸（19）

野蔷薇（1）

金银木（3）

'金山'绣线菊（96㎡）

现代海棠（6）

群落
春季季相

群落
夏季季相

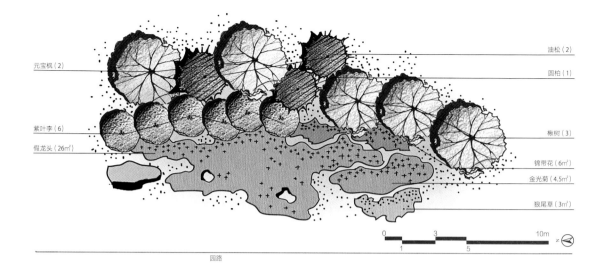

元宝枫（2）

油松（2）
圆柏（1）

紫叶李（6）
假龙头（26㎡）

楸树（3）

锦带花（6㎡）
金光菊（4.5㎡）

狼尾草（3㎡）

0　3　10m
1　5　　N

园路

06 奥林匹克森林公园
植物群落 6

圆柏+油松+元宝枫+楸树+紫叶李——锦带花——假龙头+金光菊+狼尾草

群落分析

群落位置　路东侧林缘

群落结构　乔-灌-草 复层混交，常绿及落叶结合。

景观特色　群落景观层次丰富，注重上、中、下层的搭配。高大乔木元宝枫、楸树等构成群落上层及背景，小乔木紫叶李及低矮灌木锦带花构成群落中层及中景，假龙头、金光菊等草本地被构成群落下层及前景。群落整体四季色彩变化丰富，常年有景可观。春季有元宝枫、楸树、锦带等盛开，令群落春季有景可赏；假龙头、金光菊等草本植物于夏季开花，其应用可丰富群落夏季色彩、提高群落观赏性；元宝枫为秋色叶树种，秋季色彩明艳夺目；此外背景种植的常绿乔木圆柏、油松等可为冬季增绿。金光菊、假龙头等是优良的蜜源植物。

苗木表

分类	植物名	株高（m）	冠幅（m）	地径（cm）	数量（株）
常绿乔木	油松	4	2~2.5	15	2
	圆柏	5	2	15	1
落叶乔木	楸树	8	3.5~4	25	3
	元宝枫	7	4.2	20	2
	紫叶李	3	2.2	15	6

分类	植物名	株高（m）	面积（m²）	
灌木	锦带花	1.6~1.8	6	
地被	金光菊	0.4	4.5	
	狼尾草	0.7	3	
	假龙头	0.3	26	

群落
夏季季相

假龙头
夏季盛花期

金光菊
夏季盛花期

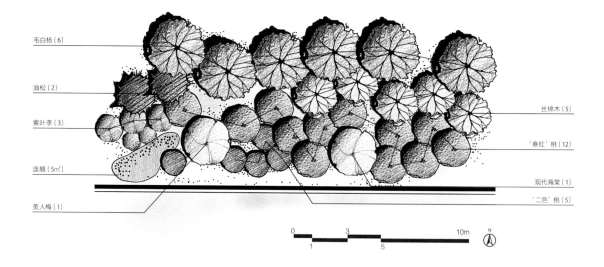

毛白杨（6）

油松（2）

紫叶李（3）

连翘（5m²）

美人梅（1）

丝绵木（5）

'寒红'桃（12）

现代海棠（1）

'二色'桃（5）

0　　　3　　　　　　　　10m　　N
　1　　　　5

07 奥林匹克森林公园
植物群落 7

油松+毛白杨+丝棉木——现代海棠+紫叶李+'寒红'桃+'二色'桃+美人梅——连翘

群落　春季季相

'二色'桃　盛花期

连翘　盛花期

群落分析

群落位置　奥海北岸

群落结构　乔-灌复层混交，点缀常绿树种。

景观特色　群落以春花小乔木为主景；配植高大乔木作为背景。群落内种植了较多观赏桃品种，多品种碧桃的种植丰富了群落的春季色彩，海棠、连翘配植碧桃、美人梅，延长了春花观赏期。毛白杨、丝绵木作为群落背景凸显了前景观花小乔木的亮丽色彩，且有常绿的油松使群落四季有绿可观。观赏桃是优良的蜜源树种。

苗木表

分类	植物名	株高(m)	冠幅(m)	地径(cm)	数量(株)
常绿乔木	油松	3	2	15	2

分类	植物名	株高(m)	冠幅(m)	胸径(cm)	数量(株)
落叶乔木	毛白杨	10	3.5	20	6
	'二色'桃	2	1.8	8	5
	'寒红'桃	2.3	2	15	12
	紫叶李	3	2	15	3
	现代海棠	2.7	2	15	1
	丝绵木	4.5	2.5	20	5
	美人梅	2.4	2.3	15	1

分类	植物名	株高(m)	面积（m²）
灌木	连翘	2.1	5

016

金枝国槐（4）

碧桃（4）

紫叶矮樱（7）

'金山'绣线菊（27m²）

油松（3）

紫薇（3）

银杏（1）

珍珠绣线菊（15m²）

【视角1】

【视角2】

0　　　　　　3

1

5m

油松+金枝国槐+银杏+碧桃——紫叶矮樱+紫薇——'金山'绣线菊+珍珠绣线菊

群落分析

群落位置　奥海南岸林缘

群落结构　乔-灌-地被复层混交，常绿与落叶树种结合。

景观特色　群落整体色彩变化丰富，四季皆有景可观。碧桃使群落
春季色彩鲜艳；绣线菊及紫薇的种植令群落夏季色彩丰富，有花可
赏；银杏使得群落秋季色彩绚烂；紫叶矮樱、金叶槐常年异色叶，
增添了群落色彩。绣线菊是较好的蜜源树种，银杏的果实是优良的
鸟类食源。

群落　夏季季相（视角1）

群落　夏季季相（视角2）

苗木表

分类	植物名	株高（m）	冠幅（m）	地径（cm）	数量（株）
常绿乔木	油松	3	1.5	15	3
分类	植物名	株高（m）	冠幅（m）	胸径（cm）	数量（株）
落叶乔木	金枝国槐	6	2	25	4
	银杏	6	2	25	1
	碧桃	1.5	1.5	15	4
分类	植物名	株高（m）	冠幅（m）	地径（cm）	数量
灌木	紫叶矮樱	1.8	1.2	15	7株
	紫薇	1.8	1	10	3株
	'金山'绣线菊	0.4	—		27m²
	珍珠绣线菊	1.5	—		15m²

紫叶矮樱　常年异色叶

油松（5）

'单粉'桃（3）

重瓣榆叶梅（3）

圆柏（6）

'二色'桃（8）

绛桃（11）

0　　　3　　z
1　　　　5m

09 奥林匹克森林公园
植物群落 9

圆柏+油松+'二色'桃+'单粉'桃+绛桃——重瓣榆叶梅

群落　春季季相

重瓣榆叶梅　盛花期

'单粉'桃　盛花期

群落分析

群落位置　园路东侧

群落结构　乔-灌为主，常绿、落叶树种结合。

景观特色　该群落景观以增添春季景观色彩为主导，前景种植多品种碧桃，配植榆叶梅，使得群落的春季季相色彩丰富；背景种植的油松和侧柏作为常绿树种有效延长了群落绿期，使得群落四季常绿。榆叶梅及各品种桃是优良的蜜源树种。

苗木表

分类	植物名	株高（m）	冠幅（m）	地径（cm）	数量（株）
常绿乔木	油松	3.5	3	15	5
	圆柏	4.5	2	20	6
分类	植物名	株高（m）	冠幅（m）	胸径（cm）	数量（株）
落叶乔木	'二色'桃	2	1.5	8	8
	'单粉'桃	2	1.5	8	3
	绛桃	2	1.5	8	11
分类	植物名	株高（m）	蓬径（m）	地径（cm）	数量（株）
灌木	重瓣榆叶梅	1.8	1.2	8	3

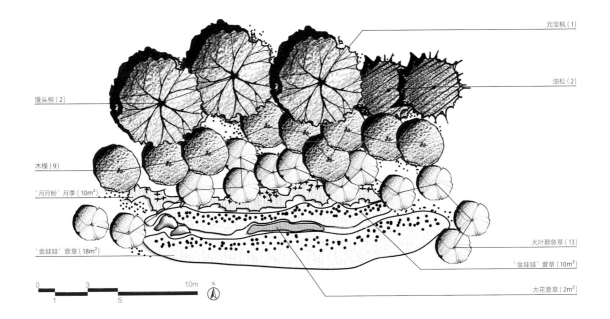

元宝枫(1)

油松(2)

馒头柳(2)

木槿(9)

'月月粉'月季(10m²)

'金娃娃'萱草(18m²)

大叶醉鱼草(13)

'金娃娃'萱草(10m²)

大花萱草(2m²)

0 3 10m
1 5 N

油松+元宝枫+馒头柳——木槿+大叶醉鱼草+'月月粉'月季——大花萱草+金
娃娃'萱草

奥林匹克森林公园 10
植物群落10

群落分析

群落位置　园路北侧

群落结构　乔-灌-草复层混交，常绿、落叶树种结合。

景观特色　该群落以夏季季相为景观特色。馒头柳春季展叶早、落叶晚，可有效延长群落绿期；木槿、大叶醉鱼草、月季、萱草等夏季开花，极大丰富了群落夏季色彩。木槿等是优良的蜜源植物。

群落　夏季季相

苗木表

分类	植物名	株高(m)	冠幅(m)	地径(cm)	数量(株)
常绿乔木	油松	3	2.4	15	2
分类	植物名	株高(m)	冠幅(m)	胸径(cm)	数量(株)
落叶乔木	元宝枫	6	5	25	1
	馒头柳	8	5	25	2
分类	植物名	株高(m)	蓬径(m)		数量
灌木	木槿	2.5	2		9株
	大叶醉鱼草	1.8	1.8		13株
	'月月粉'月季	0.8	—		10m²
分类	植物名	株高(m)	面积(m²)		
草本地被	'金娃娃'萱草	0.3	28		
	大花萱草	0.5	2		

'金娃娃'萱草　夏季盛花期

大叶醉鱼草　夏季盛花期

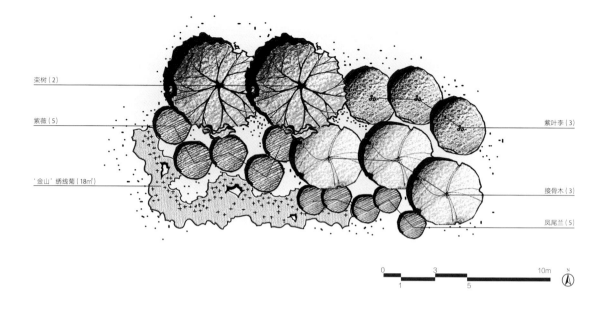

栾树（2）

紫薇（5）

'金山'绣线菊（18㎡）

紫叶李（3）

接骨木（3）

凤尾兰（5）

0　　　3　　　　　　　　10m
　1　　　　5

11 奥林匹克森林公园
植物群落 11

栾树——接骨木+紫薇+凤尾兰+'金山'绣线菊

群落　夏季季相

'金山'绣线菊　夏季盛花期

紫薇　夏季盛花期

群落分析

群落位置　园路北侧林缘

群落结构　乔木-灌木-地被组成复层群落。

景观特色　本群落层次分明，季相变化丰富。前景种植有较为低矮的'金山'绣线菊、凤尾兰，增加群落夏季色彩；中景层次的接骨木、紫薇，使得群落春、夏皆有花可赏；常年异色叶的春花小乔木紫叶李和夏花、秋色叶兼赏的乔木栾树作为整个群落的背景，使得群落色彩随着季节的变化而渐变。

苗木表

分类	植物名	株高（m）	冠幅（m）	胸径（cm）	数量（株）
落叶乔木	栾树	7	5	25	2
	紫叶李	5.5	2.5	15	3

分类	植物名	株高（m）	蓬径（m）	数量
灌木	紫薇	2.5	1.8	5株
	接骨木	5	3	3株
	凤尾兰	0.8	0.6	5株
	'金山'绣线菊	0.7	0.8	18㎡

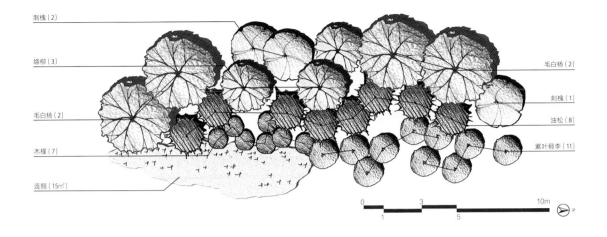

刺槐（2）

绦柳（3）

毛白杨（2）

木槿（7）

连翘（15m²）

毛白杨（2）

刺槐（1）

油松（8）

紫叶稠李（11）

0 3 10m
1 5

毛白杨+绦柳+刺槐+油松——木槿+紫叶稠李——连翘

群落分析

群落位置　园路西侧林缘

群落结构　乔木–灌木–草本地被，常绿落叶树种结合。

景观特色　群落垂直结构丰富，以乡土树种毛白杨、绦柳及刺槐为背景，毛白杨及绦柳展叶早、落叶晚、绿色期长；中景由常绿油松构成，衬托出前景色彩。前景由春花灌木连翘、夏花灌木木槿和常年异色叶树种紫叶稠李构成，是群落色彩景观的主要构成，且呈现出了丰富的季相动态变化。群落整体四季常绿，三季色彩变化丰富，观赏性较强。

群落　夏季季相

紫叶稠李　常年异色叶

苗木表

分类	植物名	株高（m）	冠幅（m）	地径（cm）	数量（株）
常绿乔木	油松	3.7	1.8~2	15	8

分类	植物名	株高（m）	冠幅（m）	胸径（cm）	数量（株）
落叶乔木	毛白杨	8	4	25	4
	绦柳	6	2.8	20	3
	紫叶稠李	3.4	1.5	15	11
	刺槐	6	2.5~2.8	20	3

分类	植物名	株高（m）	蓬径（m）	数量
灌木	木槿	3	0.8~1	7株
	连翘	1.5	—	15m²

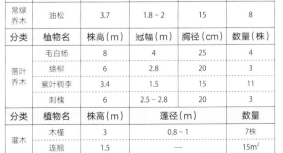

木槿　盛花期

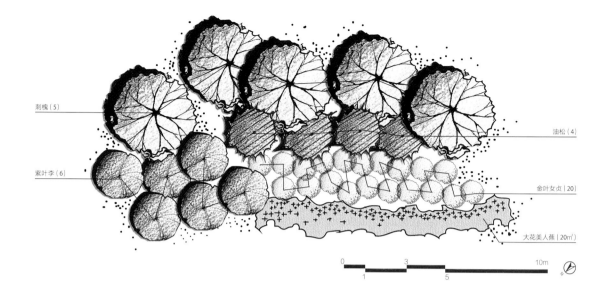

刺槐（5）

紫叶李（6）

油松（4）

金叶女贞（20）

大花美人蕉（20㎡）

0   3   10m
  1   5

13 朝阳公园
植物群落 2

油松+刺槐+紫叶李——金叶女贞——大花美人蕉

群落分析

群落位置　公园园路东侧

群落结构　乔–灌–草复层混交，常绿、落叶树种结合。

景观特色　群落色彩构成丰富，夏季尤为突出。以油松及刺槐为绿色背景，紫叶李与金叶女贞的常年异色叶形成鲜明对比，使群落三季色彩绚烂；夏季盛开的美人蕉作为群落前景，其艳丽的红色花朵成为群落色彩景观的点睛之笔。

群落
夏季季相

苗木表

分类	植物名	株高（m）	冠幅（m）	地径（cm）	数量（株）
常绿乔木	油松	4	2～2.5	15	4

分类	植物名	株高（m）	冠幅（m）	胸径（cm）	数量（株）
落叶乔木	刺槐	6	4.8	25	5
	紫叶李	3.4	2.4	20	6

分类	植物名	株高（m）	蓬径（m）	数量（株）
灌木	金叶女贞	1.5	1	20

分类	植物名	株高（m）	面积（m²）
草本地被	大花美人蕉	1	20

金叶女贞
常年异色叶

大花美人蕉
盛花期

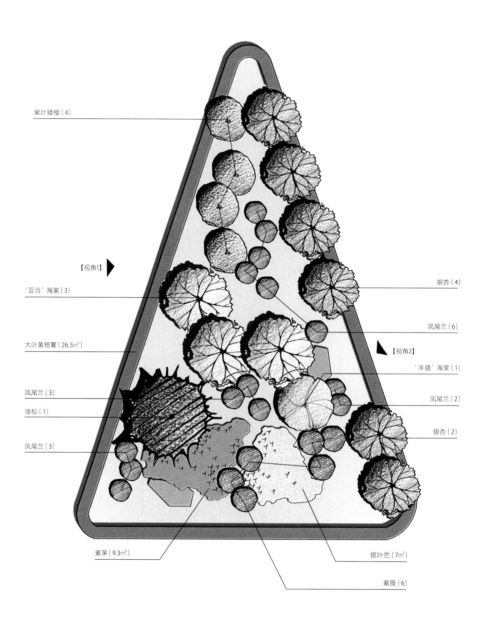

紫叶矮樱（4）

【视角1】▶

'亚当'海棠（3）

大叶黄杨篱（26.5m²）

凤尾兰（3）
油松（1）
凤尾兰（3）

银杏（4）

凤尾兰（6）

【视角2】◀

'丰盛'海棠（1）

凤尾兰（2）

银杏（2）

紫茅（9.3m²）

斑叶芒（7m²）

紫薇（6）

0   3   10m
1   5   N

群落　秋季季相（视角1）

群落　秋季季相（视角2）

油松+银杏+紫叶矮樱+'丰盛'海棠+'亚当'海棠——紫薇+凤尾兰+大叶黄杨篱——紫茅+斑叶芒

陶然亭公园 14
植物群落 1

群落分析

群落位置　公园入口附近

群落结构　乔木-灌木-草本地被，常绿、落叶树种结合。

景观特色　群落四季可赏，观赏期长，色彩丰富。春季北美海棠及紫叶矮樱可观花；夏季紫薇繁花满树，凤尾兰白色花序优雅迷人，也正值紫茅、斑叶芒等观赏草花序抽展之时，晨光熹微中斑驳摇曳，添一份自然野趣；秋季银杏叶色金黄，北美海棠叶色红艳，油松四季常青，紫叶矮樱常年叶紫，赋予群落较高的色彩观赏性。此外，北美海棠红色果实冬季宿存，既具观赏性又可为鸟类提供食源。

苗木表

分类	植物名	株高（m）	冠幅（m）	地径（cm）	数量（株）
常绿乔木	油松	2.5	3	30	1
分类	植物名	株高（m）	冠幅（m）	胸径（cm）	数量（株）
落叶乔木	银杏	6	2	20	6
	紫叶矮樱	2	1.5	12	4
	'亚当'海棠	2.5	2.5	15	3
	'丰盛'海棠	1.8	2	12	1
分类	植物名	株高（m）	冠幅（m）	地径（cm）	数量（株）
灌木	紫薇	1.8	1	30	6
	凤尾兰	1.2	0.8	25	14
	大叶黄杨（篱）	26.5m²			
分类	植物名	株高（m）	面积（m²）		
草本地被	紫茅	1.8	9.3		
	斑叶芒	1.5	7		

紫叶矮樱　春季盛花期

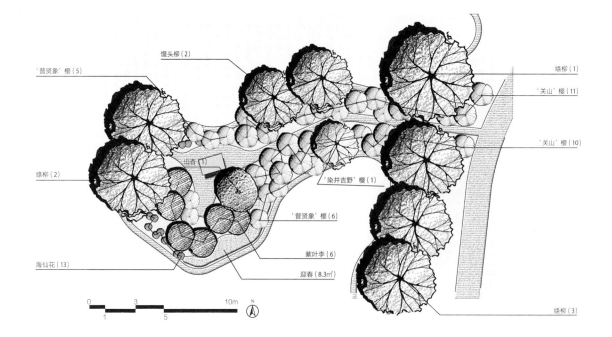

図中标注:
'普贤象'樱(5)　馒头柳(2)　绿柳(1)
'关山'樱(11)
'关山'樱(10)
绿柳(2)
山杏(1)
'染井吉野'樱(1)
'普贤象'樱(6)
海仙花(13)
紫叶李(6)
迎春(8.3m²)
绿柳(3)

0　3　10m
1　5
N

15 龙潭公园
植物群落 1

绿柳+馒头柳+'染井吉野'樱+'关山'樱+山杏+'普贤象'樱+紫叶李——海仙花+迎春

群落分析

群落位置　公园湖畔半岛

群落结构　乔–灌–地被组成复层群落。

景观特色　群落以樱花为主要景观特色。'染井吉野'樱、'关山'樱、'普贤象'樱于3月下旬～4月上旬依次开放，花开烂漫、落英缤纷，构成春季季相的主景；同时，紫叶李、山杏及海仙花亦于早春至仲春盛开，丰富春季整体景观；并有随春风摇曳的水畔绿柳相衬及水中婆娑倒影相辅；构成季相变化丰富、优美怡人的春季盛景。

群落
早春季相

苗木表

分类	植物名	株高(m)	冠幅(m)	胸径(cm)	数量(株)
落叶乔木	绿柳	8	5～7	35～40	6
	馒头柳	6.5	4	30	2
	山杏	5	3	20	1
	紫叶李	3.5～4	2	18～20	6
	'染井吉野'樱	3.5	3	20	1
	'普贤象'樱	2.5～3	1.2～1.5	15	11
	'关山'樱	2.5	1.5	15	21

分类	植物名	株高(m)	冠幅(m)	地径(cm)	数量
灌木	海仙花	0.5	0.6～0.8	30	13株
	迎春花	1.2	—	—	8.3m²

群落
初春季相

群落
仲春季相

群落
暮春季相

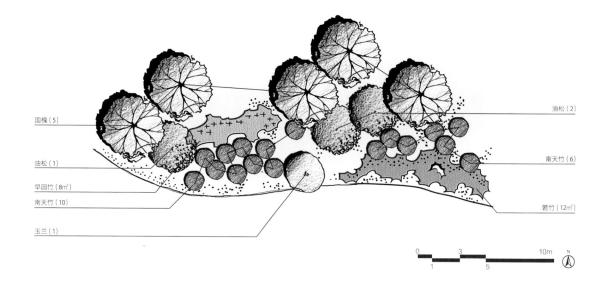

国槐（5）

油松（1）

早园竹（8m²）

南天竹（10）

玉兰（1）

油松（2）

南天竹（6）

箬竹（12m²）

0　3　　10m
1　　5
N

16 紫竹院公园
植物群落 1

国槐+油松+玉兰+早园竹——南天竹——箬竹

南天竹
花期

群落分析

群落位置　园路北侧

群落结构　乔-灌-草复层混交，常绿、落叶树种结合。

景观特色　群落以树形高大饱满的国槐为后景，其夏花乳白，秋色明黄，季相变化较丰富。中景由常绿的早园竹及油松构成，既使群落四季有绿，又可为南天竹提供适宜其生长的小气候环境，并衬托其秋色红叶。群落近路缘草地中央孤植一株玉兰，其春花及秋色皆可赏，起到景观点睛的作用。

苗木表

分类	植物名	株高（m）	冠幅（m）	地径（cm）	数量（株）
常绿乔木	油松	6	3.2	15	3
分类	植物名	株高（m）	冠幅（m）	胸径（cm）	数量（株）
落叶乔木	国槐	11	4.8～5	30	5
	玉兰	6	3	20	1
分类	植物名	株高（m）	蓬径（m）		数量（株）
灌木	南天竹	1.2	1.5		16
分类	植物名	株高（m）	面积（m²）		
竹类	早园竹	7	8		
	箬竹	0.6	12		

 群落
夏季季相

 群落
秋季季相

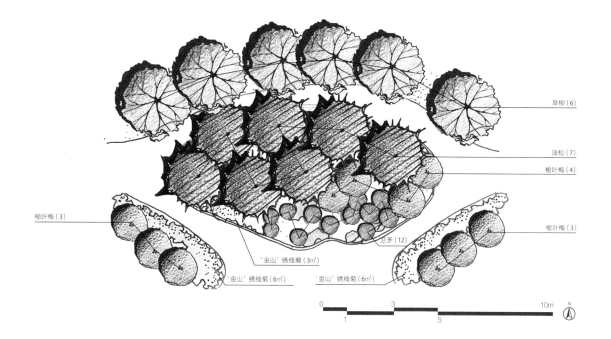

旱柳（6）

油松（7）

榆叶梅（4）

榆叶梅（3）

榆叶梅（3）

卫矛（12）

'金山'绣线菊（3m²）

'金山'绣线菊（6m²）

'金山'绣线菊（6m²）

0　　　　3　　　　　　　　　　　　10m
　1　　　　　　5　　　　　　　　　　N

17 紫竹院公园
植物群落 2

油松+旱柳——榆叶梅+卫矛+'金山'绣线菊

群落　夏季季相

群落　秋季季相

卫矛　秋色叶

群落分析

群落位置　园路环岛及周围

群落结构　乔-灌-地被复层混交，常绿、落叶树种结合。

景观特色　群落以旱柳及常绿油松形成浓密的绿色背景，榆叶梅、卫矛及'金山'绣线菊构成前景，季相色彩变化丰富。春季有榆叶梅粉花满树、绚烂可观；夏季'金山'绣线菊粉花与其金叶形成鲜明色彩对比，观赏性极佳；秋季卫矛叶色红艳夺目、榆叶梅叶色金黄，加之'金山'绣线菊叶色由金变橙红，迎来群落色彩最丰富的时期，借助其位于道路交叉口的方位，形成引人注目的景观焦点。

苗木表

分类	植物名	株高(m)	冠幅(m)	地径(cm)	数量(株)
常绿乔木	油松	12	2.5	15	7

分类	植物名	株高(m)	冠幅(m)	胸径(cm)	数量(株)
落叶乔木	旱柳	7	3	20	6

分类	植物名	株高(m)	蓬径(m)	数量
灌木	榆叶梅	2	1.8	10株
	卫矛	0.8	0.8	12株
	'金山'绣线菊	0.4	—	15m²

国槐（7）

油松（3）

沙地柏（15㎡）

小叶黄杨（20㎡）

睡莲（12㎡）

碧桃（8）

旱柳（1）

葡匐委陵菜（10㎡）

'火尾' 抱茎桃叶蓼（15㎡）

睡莲（12㎡）

0   3   10m
  1   5   N

国槐+旱柳+油松+碧桃——沙地柏+小叶黄杨——葡匐委陵菜+ '火尾' 抱茎桃
叶蓼—— 睡莲

群落分析

群落位置　桥对岸滨水区域

群落结构　植被垂直结构为大乔–小乔–草本地被–水生植物，常绿、
落叶树种结合。

景观特色　群落位于缓坡地形上，后高前低，使群落垂直层次和景深
层次更加丰富。背景由高大翁郁的国槐树丛构成，巧借地形形成自然
的林冠线；中景主要由春花小乔碧桃构成，早春季相突出；前景由黄
杨篱、沙地柏和葡匐委陵菜等地被植物构成水平向开阔空间，黄杨及
沙地柏为常绿灌木，委陵菜作为新优乡土地被绿期可达8个月，于夏
季绽放的金黄色花朵可丰富夏季景观色彩。碧桃及委陵菜亦是昆虫的
蜜源。

苗木表

分类	植物名	株高（m）	冠幅（m）	地径（cm）	数量（株）
常绿乔木	油松	4.5	3.8 ~ 4	10	3
分类	植物名	株高（m）	冠幅（m）	胸径（cm）	数量（株）
落叶乔木	国槐	12	5	25	7
	旱柳	7	5	8	1
	碧桃	4	2.5	10	8
分类	植物名	株高（m）	蓬径（m）		数量（m²）
灌木	小叶黄杨	0.6	—		20
	沙地柏	0.4	—		15
分类	植物名	株高（m）			面积（m²）
草本地被	'火尾' 抱茎桃叶蓼	0.3 ~ 0.4			15
	葡匐委陵菜	0.15			20
水生植物	睡莲	—			24

群落　春季季相

群落　夏季季相

群落　冬季季相

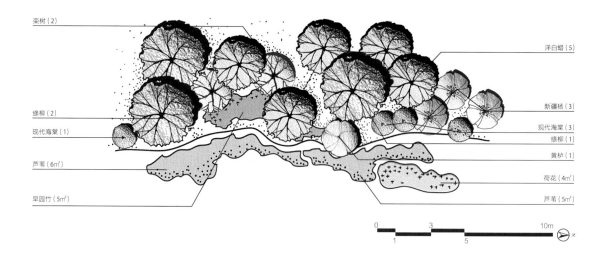

栾树（2）
洋白蜡（5）
绦柳（2）
新疆杨（3）
现代海棠（1）
现代海棠（3）
绦柳（1）
黄栌（1）
芦苇（6㎡）
荷花（4㎡）
芦苇（5㎡）
早园竹（5㎡）

0　3　10m
1　5

19 海淀公园 植物群落 2

绦柳（3）+洋白蜡+栾树+新疆杨+现代海棠——黄栌——早园竹——芦苇+荷花

群落　夏季季相

群落　仲秋季相

群落　暮秋季相

群落分析

群落位置　湖东岸滨水

群落结构　乔–灌–草复层混交，落叶树种为主。

景观特色　群落以秋色叶为主要景观特色，秋季，洋白蜡的金黄、栾树的黄–红渐变、黄栌的艳红、新疆杨的暖黄依次呈现，构成了富有动态的秋色主景。芦苇、荷花等水生植物的种植既以夏花丰富了夏季景观色彩又增添了群落层次和自然野趣。此外，早园竹和绦柳的配植可有效延长群落绿期。海棠是优良的蜜源和鸟类食源树种，滨水植被为涉禽等鸟类提供了良好的栖息环境。

苗木表

分类	植物名	株高（m）	冠幅（m）	胸径（cm）	数量（株）
落叶乔木	洋白蜡	8	2.5～3	20	5
	栾树	7	2.8	20	2
	绦柳	10	4	30	3
	新疆杨	7	2	8	3
	现代海棠	2.5	1.2	10	4
分类	植物名	株高（m）	蓬径（m）		数量（株）
灌木	黄栌	2.5	2		1
分类	植物名	株高（m）	面积（m²）		
竹类	早园竹	6	5		
分类	植物名	面积（m²）			
水生植物	芦苇	11			
	荷花	4			

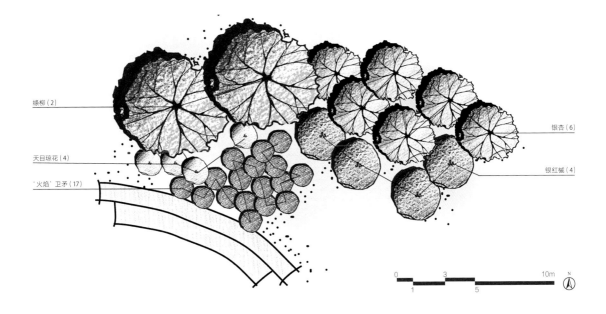

绦柳（2）

天目琼花（4）

'火焰'卫矛（17）

银杏（6）

银红械（4）

0　1　3　5　10m　N

绦柳+银杏+银红械——天目琼花+'火焰'卫矛

海淀公园 20
植物群落 3

群落分析

群落位置　湖东岸绿地林缘

群落结构　乔-灌组成的结构。

景观特色　该群落以彩叶树种秋色为主要景观特色。银红械及'火焰'卫矛是优良的新优秋色叶品种，银红械秋色始期早，秋色期叶色由黄变红，色彩明丽；'火焰'卫矛秋色期可长达2个月，叶色红艳突出；银杏变色期出现较晚，可延长整体秋色观赏期。此外，旱柳绿期长，可作为背景衬托群落色彩变化；天目琼花春花、秋色、秋果皆可赏，进一步丰富四季季相。天目琼花果实宿存，可为鸟类提供食源。

群落　初秋季相

苗木表

分类	植物名	株高（m）	冠幅（m）	胸径（cm）	数量（株）
落叶乔木	绦柳	10	7	20	2
	银杏	8	3.8～4	20	6
	银红械	10	3	10	4

分类	植物名	株高（m）	蓬径（m）	数量（株）
灌木	'火焰'卫矛	2	1.5	17
	天目琼花	2	1.8	4

群落　冬季季相

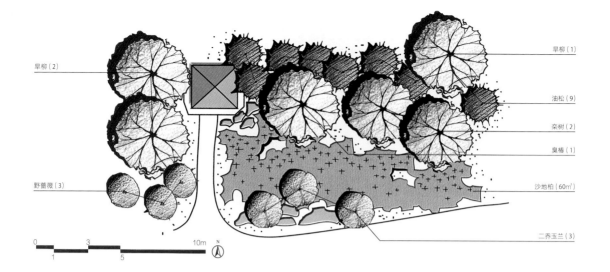

旱柳（2）

野蔷薇（3）

旱柳（1）

油松（9）

栾树（2）

臭椿（1）

沙地柏（60㎡）

二乔玉兰（3）

0　　　3　　　　10m　N
　1　　　　5

21 海淀公园
植物群落 4

油松+旱柳+栾树+臭椿+二乔玉兰——野蔷薇+沙地柏

群落　春季季相

群落　夏季季相

群落　冬季季相

群落分析

群落位置　园路西南缓坡绿地
群落结构　大乔-小乔-地被，常绿、落叶树种结合。
景观特色　该群落位于景亭前的缓坡地形上，呈现以景亭为视觉焦点的植物景观。群落前景沿坡大面积种植沙地柏，使得道路与景亭间视线开阔，路边点植野蔷薇与二乔玉兰，其花期丰富了春夏色彩；背景种植高大落叶乔木旱柳、臭椿、栾树及常绿树种油松，在景亭周边形成了疏密相间、林冠线丰富、林下空间多样的植物景观，臭椿与栾树的春色叶与秋色叶亦为群落增彩。二乔玉兰和野蔷薇是优良的蜜源植物。

苗木表

分类	植物名	株高（m）	冠幅（m）	地径（cm）	数量（株）
常绿乔木	油松	4	1.8~2	15	9

分类	植物名	株高（m）	冠幅（m）	胸径（cm）	数量（株）
落叶乔木	臭椿	7	4	25	1
	旱柳	9	5	20	3
	栾树	8	4.8	20	2
	二乔玉兰	2.5	2	15	3

分类	植物名	株高（m）	蓬径（m）	数量
灌木	野蔷薇	0.8	1.5	3株
	沙地柏	0.4	—	60m²

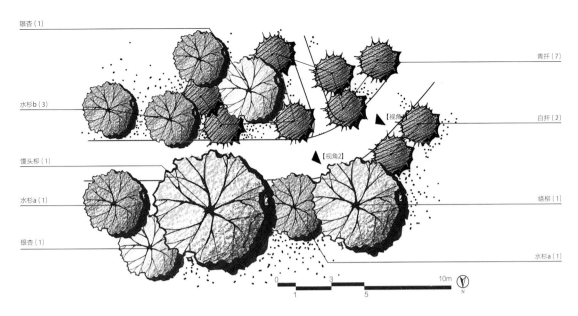

银杏（1）

青扦（7）

水杉b（3）

白扦（2）

馒头柳（1）

【视角1】

【视角2】

水杉a（1）

绦柳（1）

银杏（1）

水杉a（1）

0   3   10m

1   5

N

青扦+白扦+水杉+绦柳+馒头柳+银杏

海淀公园 22
植物群落 5

群落分析

群落位置　公园环路两侧及交叉口

群落结构　乔木，常绿、落叶树种结合。

景观特色　群落位于园路两侧及道路交叉口，全部由常绿针叶乔木
及高大的落叶乔木构成，形成秋色明艳、四季有绿的"林荫夹径"
之景。青扦及白扦是观赏性良好的常绿树，两者搭配，叶色层次丰
富，使得群落全年皆有绿意；水杉及银杏的秋色叶是群落秋季季相
的突出景观特色，前者红艳，后者金黄，两者秋色叶变色期有一
定的前后时差，从而使群落展现出丰富多变、观赏期持久的秋色景
观。此外，馒头柳、绦柳及水杉等的不同树形亦丰富了群落林冠
线，增添了游赏趣味。

群落　秋季季相（视角1）

苗木表

分类	植物名	株高（m）	冠幅（m）	地径（cm）	数量（株）
常绿乔木	白扦	3.5	2	15	2
	青扦	3	1.8	15	7
分类	植物名	株高（m）	冠幅（m）	胸径（cm）	数量（株）
落叶乔木	水杉a	8	3.8	20	2
	水杉b	8	2.5	18	3
	绦柳	10	5	30	1
	馒头柳	12	7	40	1
	银杏	6.5	3	20	2

群落　秋季季相（视角2）

水杉
秋色盛期

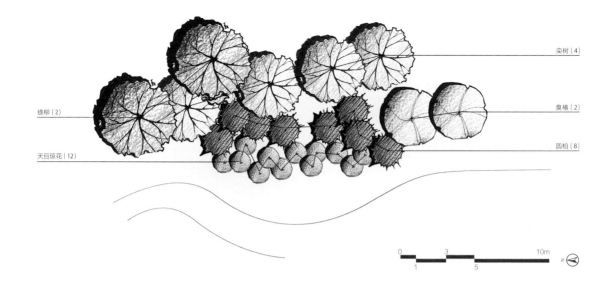

栾树（4）

臭椿（2）

圆柏（8）

绦柳（2）

天目琼花（12）

0　　3　　　　　　　10m
　　1　　　5

N

23　海淀公园
植物群落 6

圆柏+绦柳+栾树+臭椿——天目琼花

群落　春季季相

群落　秋季季相

天目琼花　秋色盛期

群落分析

群落位置　园路东侧绿地林缘

群落结构　乔木–灌木，常绿落叶树种结合。

景观特色　该群落树种构成及群落空间虽不复杂，却结构清晰、色彩鲜明，四时季相富有动态。春季有绦柳显鹅黄新绿、栾树幼叶朱红、天目琼花白花盛开，呈一片欣欣之色；夏季有栾树盛开、黄花满树；秋季是群落色彩最为丰富的季节，此时栾树及天目琼花秋色红艳，后有暗绿色圆柏相衬托，煞是明丽若春；常绿树的背景使其冬季仍有绿可赏，且天目琼花的红色果实部分宿存，为越冬鸟类提供了食源。

苗木表

分类	植物名	株高（m）	冠幅（m）	地径（cm）	数量（株）
常绿乔木	圆柏	4	1.8	20	8
分类	植物名	株高（m）	冠幅（m）	胸径（cm）	数量（株）
落叶乔木	绦柳	9	5	30	2
	臭椿	8	3	20	2
	栾树	7	4	15	4
分类	植物名	株高（m）	蓬径（m）	地径（cm）	数量（株）
灌木	天目琼花	1.5	1.2	30	12

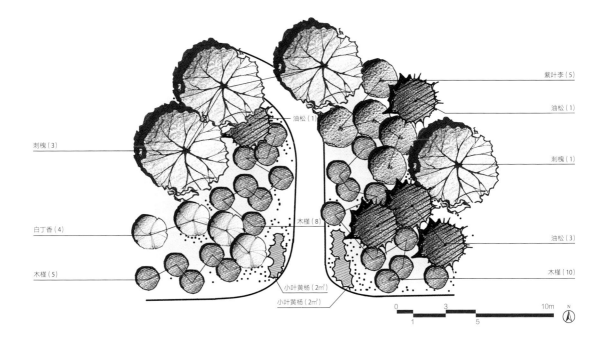

紫叶李 (5)
油松 (1)
刺槐 (3)
刺槐 (1)
油松 (1)
白丁香 (4)
木槿 (8)
油松 (3)
木槿 (5)
木槿 (10)
小叶黄杨 (2m²)
小叶黄杨 (2m²)

0 3 5 10m

油松+刺槐+紫叶李——木槿+白丁香+小叶黄杨

群落分析

群落位置　园路东西两侧
群落结构　乔-灌木，常绿、落叶树种结合。
景观特色　群落以观花为主要景观特色，以夏季季相最为突出。整
个群落以常绿的油松作为背景，以开白花的刺槐作为上层乔木，木
槿、白丁香及紫叶李构成群落主景。白丁香春季盛开，洁白芬芳，
色彩明亮；作为优势种的木槿夏季盛开，粉花满枝，且花期由夏至
秋，可持数月；紫叶李叶色常年紫红，春季白花点点，丰富了群落
色彩。刺槐、丁香和紫叶李作为蜜源植物亦可吸引昆虫。

群落　夏季季相

白丁香　春季盛花期

苗木表

分类	植物名	株高 (m)	冠幅 (m)	地径 (cm)	数量 (株)
常绿乔木	油松	6	3	20	5

分类	植物名	株高 (m)	冠幅 (m)	胸径 (cm)	数量 (株)
落叶乔木	刺槐	11	5.5~6	30	4
	紫叶李	7	2.5	15	5

分类	植物名	株高 (m)	蓬径 (m)	数量
灌木	木槿	2.4	1.5	23株
	白丁香	3	2	4株
	小叶黄杨	0.5	0.2	4m²

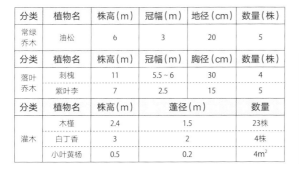

木槿　夏季盛花期

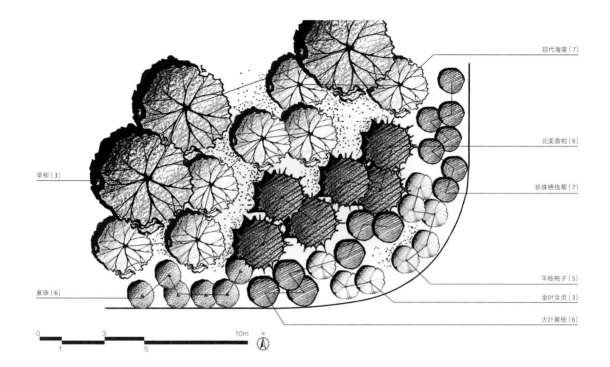

旱柳（3）

现代海棠（7）

北美香柏（6）

珍珠绣线菊（7）

平枝枸子（5）

金叶女贞（3）

大叶黄杨（6）

紫珠（6）

0　　　3　　　　10m
　1　　5　　　　　N

25 北极寺公园
植物群落 1

旱柳+现代海棠+北美香柏——珍珠绣线菊+平枝枸子+金叶女贞+大叶黄杨+紫珠

群落分析

群落位置　园路拐角处

群落结构　乔-灌复层结构，常绿、落叶树种结合。

景观特色　群落前景以灌木为主，中景配植常绿乔木北美香柏，背景为落叶乔木现代海棠及旱柳。该群落整体季相丰富，色彩多变，春季有珍珠绣线菊、现代海棠等可观花；秋季有平枝枸子、紫珠等可观秋色叶及彩果；金叶女贞、大叶黄杨、北美香柏等常绿树种占比较高，四季可赏。现代海棠、平枝枸子、紫珠等树种的果实是较好的鸟类食源。

群落　秋季季相

苗木表

分类	植物名	株高（m）	冠幅（m）	地径（cm）	数量（株）
常绿乔木	北美香柏	2.5	2	15	6
分类	植物名	株高（m）	冠幅（m）	胸径（cm）	数量（株）
落叶乔木	现代海棠	3.5	2.5	20	7
	旱柳	6	4.5	25	3
分类	植物名	株高（m）	蓬径（m）		数量（株）
灌木	金叶女贞	1.2	1.5		3
	珍珠绣线菊	1	1		7
	紫珠	1	1		6
	平枝枸子	0.8	1.2		5
	大叶黄杨	1.2	1.2		6

平枝枸子　秋色盛期

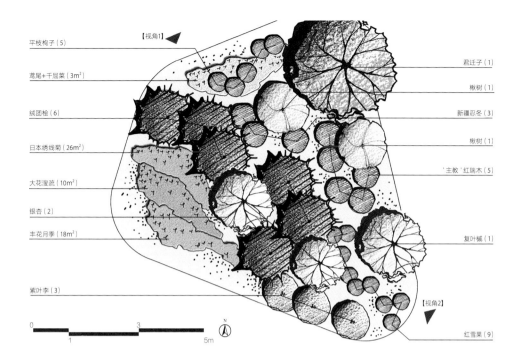

平枝枸子（5）

鸢尾+千屈菜（3m²）

绒团桧（6）

日本绣线菊（26m²）

大花溲疏（10m²）

银杏（2）

丰花月季（18m²）

紫叶李（3）

【视角1】

君迁子（1）

楸树（1）

新疆忍冬（3）

楸树（1）

'主教'红瑞木（5）

复叶槭（1）

【视角2】

红雪果（9）

0　　　　3　　　　5m
　　1

N

绒团桧+君迁子+复叶槭+银杏+楸树+紫叶李——'主教'红瑞木+平枝枸子+新疆忍冬+红雪果+日本绣线菊+大花溲疏+丰花月季——鸢尾+千屈菜

群落分析

群落位置　园路交叉口中心绿岛

群落结构　乔–灌–草复层混交，常绿落叶树种结合。

景观特色　该群落植物种类丰富，四季季相多彩。群落春季有红瑞木、大花溲疏、楸树等春花盛开，夏季有月季、绣线菊及千屈菜等植物增彩，秋季平枝枸子、银杏等秋色叶鲜艳，观赏性极佳。楸树等是典型的北京乡土蜜源植物，红雪果果实冬季宿存，是优良的鸟类食源树种。

苗木表

分类	植物名	株高（m）	冠幅（m）	地径（cm）	数量（株）
常绿乔木	绒团桧	2	1.6	8	6

分类	植物名	株高（m）	冠幅（m）	胸径（cm）	数量（株）
落叶乔木	银杏	5	1.5~1.8	15	2
	楸树	7	1.7	20	2
	紫叶李	2.5	1	10	3
	复叶槭	5	2	15	1
	君迁子	4.5	3	15	1

分类	植物名	株高（m）	冠幅（m）	地径（cm）	数量
灌木	新疆忍冬	1.2	0.7	5	3株
	平枝枸子	0.6	0.6	5	5株
	'主教'红瑞木	0.6	0.8	5	5株
	红雪果	0.5	0.5	4	9株
	丰花月季	0.5	—	—	18m²
	大花溲疏	0.8	—	—	10m²
	日本绣线菊	0.6	—	—	26m²

分类	植物名	株高（m）	面积（m²）
草本地被	鸢尾	0.7	2
	千屈菜	0.5	2

群落　夏季季相（视角1）

群落　夏季季相（视角2）

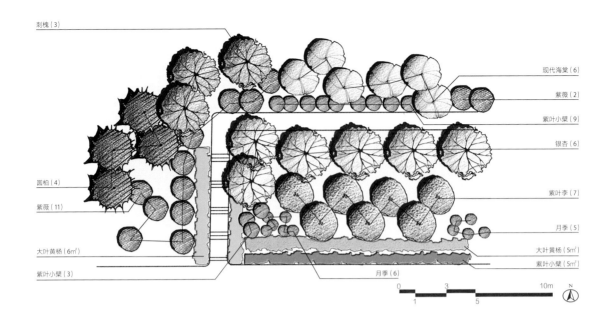

刺槐（3）

现代海棠（6）
紫薇（2）
紫叶小檗（9）
银杏（6）
紫叶李（7）

圆柏（4）
紫薇（11）

月季（5）

大叶黄杨（6㎡）
大叶黄杨（5㎡）
紫叶小檗（5㎡）

紫叶小檗（3）
月季（6）

0 3 10m
1 5 N

27 元大都城垣遗址公园 植物群落 1

圆柏+刺槐+银杏+现代海棠+紫叶李——紫薇+月季+紫叶小檗+大叶黄杨

群落分析

群落位置　主路与小路交叉口处

群落结构　乔-灌结构，常绿、落叶树种结合。

景观特色　群落四季景观丰富，春花、夏花、秋色、冬绿皆可赏。紫叶李、现代海棠春花满树，落英缤纷；紫薇、月季夏花红艳，紫叶小檗球三季彩叶，点缀前景；中景的银杏树丛秋季金黄灿烂；背景的圆柏等常绿树四季常青。从主路角度观赏，借助缓坡地形，植被景观层次丰富；沿小路拾阶而上，亦能体验多变的植物空间。现代海棠是优良的蜜源植物，其中部分品种的果实经冬不落，可作为鸟类越冬的食源。

群落　夏季季相

苗木表

分类	植物名	株高（m）	冠幅（m）	地径（cm）	数量（株）
常绿乔木	圆柏	6	2.5	10	4

分类	植物名	株高（m）	冠幅（m）	胸径（cm）	数量（株）
落叶乔木	银杏	6	3	20	6
	刺槐	8	3	25	3
	紫叶李	3.5	2	10	7
	现代海棠	2.1	1.8~2	8	6

分类	植物名	株高（m）	蓬径（m）	数量
灌木	紫薇	1.8~2	1.5	13株
	月季	0.5	0.5	11株
	紫叶小檗（球）	0.6	0.8	12株
	紫叶小檗（篱）	0.4	—	5㎡
	大叶黄杨（篱）	0.5	—	11㎡

群落　秋季季相

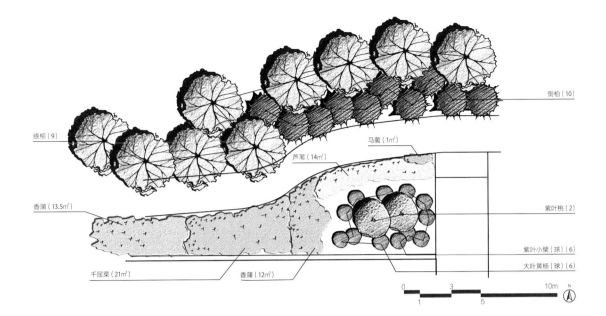

侧柏（10）

绦柳（9）

马蔺（1㎡）

芦苇（14㎡）

香蒲（13.5㎡）

紫叶桃（2）

紫叶小檗（球）（6）

大叶黄杨（球）（6）

千屈菜（21㎡）

香蒲（12㎡）

0   3   10m N
1   5

侧柏+绦柳+紫叶桃——紫叶小檗+大叶黄杨——千屈菜+香蒲+芦苇+马蔺

群落分析

群落位置　公园滨水桥头

群落结构　乔–灌–草复层混交，常绿、落叶树种结合。

景观特色　群落最佳观赏点位于桥中央，秋季景观最佳。旱柳及侧柏构成群落背景；中景由千屈菜、香蒲和芦苇等湿生植被构成，其夏花及秋色叶皆具观赏性，营造了富有野趣的滨水景观。前景由高台上的彩叶植被构成，紫叶桃及紫叶小檗叶色红艳，增添了群落色彩丰富性，紫叶桃更成为群落视觉焦点。滨水的植物群落为水鸟类提供了栖息地。

苗木表

分类	植物名	株高（m）	冠幅（m）	地径（cm）	数量（株）
常绿乔木	侧柏	10	2	15	10
分类	植物名	株高（m）	冠幅（m）	胸径（cm）	数量（株）
落叶乔木	绦柳	8	4	20	9
	紫叶桃	2	2.5	10	2
分类	植物名	株高（m）	蓬径（m）		数量（株）
灌木	大叶黄杨（球）	0.6	1		6
	紫叶小檗	0.8	1		6
分类	植物名	面积（m²）			
草本地被	芦苇	14			
	千屈菜	21			
	马蔺	1			
	香蒲	25.5			

群落　夏季季相

群落　秋季季相

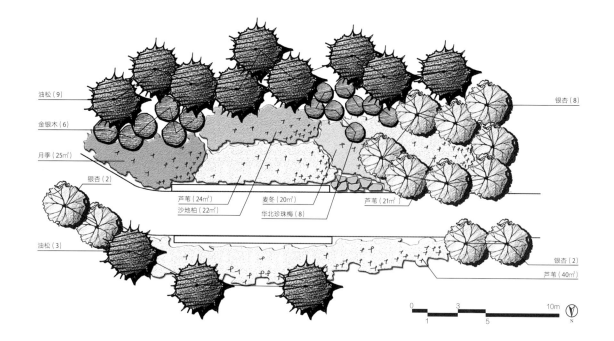

油松（9）
金银木（6）
月季（25㎡）
银杏（2）
油松（3）

芦苇（24㎡）
沙地柏（22㎡）
麦冬（20㎡）
华北珍珠梅（8）
芦苇（21㎡）

银杏（8）
银杏（2）
芦苇（40㎡）

0　　3　　10m
1　　5　　N

29　元大都城垣遗址公园
植物群落 3

银杏+油松——金银木+华北珍珠梅+沙地柏+月季——芦苇+麦冬

群落　夏季季相

群落　秋季季相

银杏　秋色期

群落分析

群落位置　栈桥两侧，地形由两侧向中心下凹形成汇水区

群落结构　乔–灌–草复层混交，常绿、落叶树种结合。

景观特色　群落整体以常绿树为背景，而四季皆有可观之处，以秋色更为突出。夏季月季花开，花期可持续数月，又可观珍珠梅白花点点，掩映绿丛中；秋季以银杏和芦苇的金黄叶色构成季相主色调，极具视觉冲击力，银杏位于桥头，构成景观画面的视觉焦点，路缘的芦苇为群落增添了自然野趣。群落整体高低错落，层次分明。桥两侧的芦苇丛（尤其在丰水期）可为水鸟类提供栖息地，金银木果实是优良的鸟类食源。

苗木表

分类	植物名	株高（m）	冠幅（m）	地径（cm）	数量（株）
常绿乔木	油松	6	2.8	10	12

分类	植物名	株高（m）	冠幅（m）	胸径（cm）	数量（株）
落叶乔木	银杏	9	2.5	15	12

分类	植物名	株高（m）	蓬径（m）	数量
灌木	华北珍珠梅	1.6	1.2	8株
	金银木	2.3	1.8	6株
	月季	0.6	—	25㎡
	沙地柏	0.8	—	22㎡

分类	植物名	株高（m）	面积（m²）
草本地被	芦苇	1.6	85
	麦冬	0.2	20

大叶黄杨（10m²）

紫叶李（3）

紫薇（4）

元宝枫（4）

圆柏（3）

旱柳（1）

圆柏（4）

紫薇（10）

0　　　　3　　　　　　　　10m
　1　　　　5

圆柏+旱柳+元宝枫+紫叶李——紫薇+大叶黄杨

群落分析

群落位置　公园内小广场一角

群落结构　乔–灌结构，常绿、落叶树种结合。

景观特色　群落虽树种配置略显简单，但呈现出丰富的季相色彩变化。紫叶李早春白花满树，落英缤纷；紫薇夏季盛开，花期可达3~4个月，为夏季景观持续增彩；元宝枫为春色叶及秋色叶树种，特别秋色叶红艳夺目，与同显秋色的紫薇及常年叶色紫红的紫叶李配植在一起可呈现强烈的色彩对比效果，增加秋季景观观赏性。群落强调景观边界，将规则式与自然式种植有机统一，丰富景观形式。紫叶李是较好的蜜源树种，其果实可作为鸟类食源。

群落　夏季季相

群落　秋季季相

苗木表

分类	植物名	株高（m）	冠幅（m）	地径（cm）	数量（株）
常绿乔木	圆柏	4	2	15	7
分类	植物名	株高（m）	冠幅（m）	胸径（cm）	数量（株）
落叶乔木	元宝枫	5	4	20	4
	紫叶李	5	2.5	15	3
	旱柳	8	5	25	1
分类	植物名	株高（m）	蓬径（m）	地径（cm）	数量
灌木	紫薇	2	0.8	10	14株
	大叶黄杨	0.5	—	—	10m²

紫薇　秋色期

045

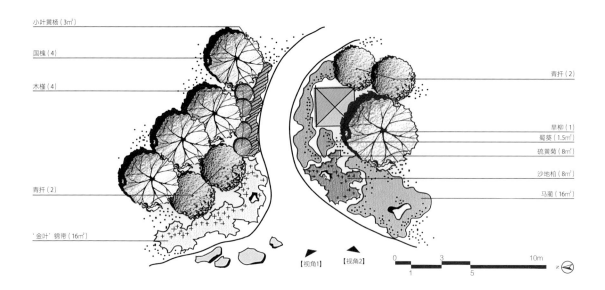

小叶黄杨（3m²）
国槐（4）
木槿（4）
青扦（2）
‘金叶’锦带（16m²）

青扦（2）
旱柳（1）
蜀葵（1.5m²）
硫黄菊（8m²）
沙地柏（8m²）
马蔺（16m²）

【视角1】 【视角2】

0 3 10m
1 5

元大都城垣遗址公园植物群落 5

国槐+旱柳+青扦——木槿+‘金叶’锦带+小叶黄杨+沙地柏——硫黄菊+蜀葵+马蔺

群落 夏季季相（视角1）

群落 夏季季相（视角2）

硫黄菊 夏季盛花期

群落分析

群落位置 园路两侧及景亭周边

群落结构 乔-灌-草复层混交，常绿、落叶树种结合。

景观特色 群落位于园路两侧。群落前景的‘金叶’锦带不仅叶色常年金黄亮丽，其春花更显缤纷烂漫；四季常绿的青扦作为背景可突出锦带花的色彩，且和小叶黄杨、沙地柏配植在一起使得群落四季有绿。群落夏季季相亦十分可观，园路南侧以草花景观为主，蜀葵与硫黄菊夏暑争艳；路北侧国槐于盛夏时节繁花满树，林下木槿粉黛尽施，愈发增添群落夏季色彩的丰富性，引人驻足观赏。硫华菊、蜀葵、木槿、锦带等均是较好的蜜源植物。

苗木表

分类	植物名	株高（m）	冠幅（m）	地径（cm）	数量（株）
常绿乔木	青扦	4	2.8~3	15	4

分类	植物名	株高（m）	冠幅（m）	胸径（cm）	数量（株）
落叶乔木	国槐	8	4	20	4
	旱柳	10	5	25	1

分类	植物名	株高（m）	蓬径（m）	地径（cm）	数量
灌木	木槿	1.8~2	0.8~1	10	4株
	‘金叶’锦带	1.2	—		16m²
	小叶黄杨	0.5	—		3m²
	沙地柏	0.8	—		8m²

分类	植物名	面积（m²）		
草本地被	蜀葵	1.5		
	硫黄菊	8		
	马蔺	16		

圆柏（16）

大叶黄杨（4）

油松（2）

碧桃（8）

马蔺（10㎡）

迎春（16㎡）

沙地柏（12㎡）

0　　　　3　　　　　　10m
　　1　　　　　5

圆柏+油松+碧桃——大叶黄杨+迎春+沙地柏——马蔺

群落分析

群落位置　旱溪旁，缓坡山丘，景亭旁

群落结构　乔木-地被结构，常绿、落叶树种结合。

景观特色　群落位于旱溪旁的一座景亭四周，景观层次丰富，林冠线自然多变。群落以春花及常绿植被为主要特色。亭后密植圆柏，营造出蓊郁幽深、绿意浓浓的背景，亭旁配植油松与碧桃，碧桃春季满树红花，在常绿树的映衬下色彩更加艳丽；亭前沿缓坡栽植迎春、沙地柏等地被植物，满铺山坡，绿意流动；旱溪中点植马蔺，盛夏时节开放的蓝紫色花朵丰富了夏季季相色彩。坡地及旱溪有助于收集雨水、进行雨洪管理，故此群落可兼作雨水花园群落配置的参考。

群落　夏季季相

马蔺　夏季盛花期

迎春　春季盛花期

苗木表

分类	植物名	株高（m）	冠幅（m）	地径（cm）	数量（株）
常绿乔木	圆柏	7	3	15	16
	油松	5	6	20	2

分类	植物名	株高（m）	冠幅（m）	胸径（cm）	数量（株）
落叶乔木	碧桃	3.5	4	10	8

分类	植物名	株高（m）	蓬径（m）	数量	
灌木	大叶黄杨	1	1	4株	
	迎春	0.6	—	16㎡	
	沙地柏	0.5	—	12㎡	

分类	植物名	面积（m²）	
草本地被	马蔺	10	

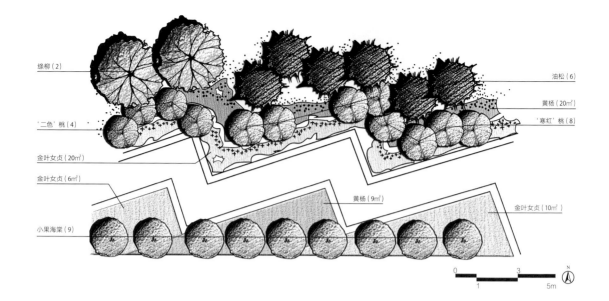

绦柳（2）

'二色'桃（4）

金叶女贞（20m²）

金叶女贞（6m²）

小果海棠（9）

油松（6）

黄杨（20m²）

'寒红'桃（8）

黄杨（9m²）

金叶女贞（10m²）

0　　　3

1　　　5m

N

33　庆丰公园
植物群落 1

油松+绦柳+'寒红'桃+'二色'桃+小果海棠——金叶女贞+黄杨

群落　春季季相

金叶女贞　常年异色叶

西府海棠　春季盛花期

群落分析

群落位置　园路两侧

群落结构　大乔木–小乔木–地被，常绿、落叶树种结合。

景观特色　群落采用较为规则的种植形式，园路两侧配植方式有所不同，一侧较为规整，一侧更为自然多变，而整体在色彩和空间上则相互呼应，和谐统一。群落以春花为主要景观特色。碧桃红花艳丽、小果海棠白花素雅，两者丰富了春季色彩景观；金叶女贞常年金黄，增加了群落的色彩丰富性；此外，油松为色彩呈现提供了四季常青的绿色背景。碧桃及小果海棠是优良的蜜源植物，海棠果可作为鸟类夏、秋季食源。

苗木表

分类	植物名	株高（m）	冠幅（m）	地径（cm）	数量（株）
常绿乔木	油松	3	2	15	6

分类	植物名	株高（m）	冠幅（m）	胸径（cm）	数量（株）
落叶乔木	绦柳	8	3	20	2
	小果海棠	3	1.5	12	9
	'寒红'桃	1.5	1.8	8	8
	'二色'桃	1.5	1.8	8	4

分类	植物名	株高（m）	数量（m²）	
灌木	金叶女贞	0.5	36	
	黄杨	0.5	29	

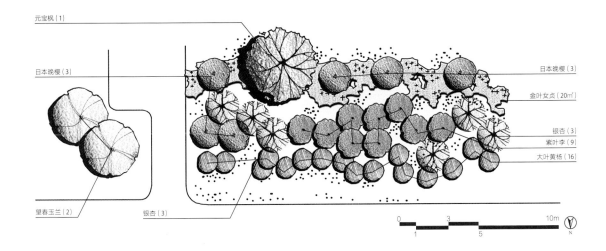

元宝枫（1）

日本晚樱（3）

日本晚樱（3）
金叶女贞（20㎡）
银杏（3）
紫叶李（9）
大叶黄杨（16）

望春玉兰（2）　　银杏（3）

0　　3　　　　10m
1　　　5　　　N

元宝枫+望春玉兰+紫叶李+日本晚樱+银杏——大叶黄杨+金叶女贞

群落分析

群落位置　园路南侧，缓坡草地

群落结构　乔-灌结构，常绿、落叶树种结合。

景观特色　群落以春花、秋色为突出景观特色，借助缓坡地形丰富景观层次。望春玉兰、日本晚樱、紫叶李春花烂漫，银杏秋色叶金黄、樱花叶紫红，两者与金叶女贞等常年异色叶树种配植，尽显秋色绚丽色彩。大叶黄杨球点缀前景，形式灵动活泼。日本晚樱是优良的蜜源树种。

群落　夏季季相

群落　秋季季相

苗木表

分类	植物名	株高（m）	冠幅（m）	胸径（cm）	数量（株）
落叶乔木	元宝枫	9	5	30	1
	紫叶李	3.2	2	15	9
	银杏	9	2.5	20	6
	望春玉兰	6.5	3	20	2
	日本晚樱	3.5	2	15	6

分类	植物名	株高（m）	蓬径（m）	数量
灌木	大叶黄杨	0.7	1.5	16株
	金叶女贞	0.5	—	20㎡

日本晚樱　秋色盛期

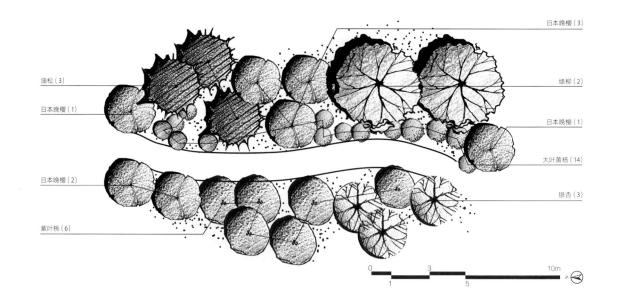

油松（3）
日本晚樱（1）

日本晚樱（2）

紫叶桃（6）

绿柳（2）
日本晚樱（1）
大叶黄杨（14）
银杏（3）

0　　　3　　　　10m
1　　　　5

35　庆丰公园
植物群落 3

油松+绿柳+银杏+日本晚樱+紫叶桃——大叶黄杨

群落　春季季相

群落　秋季季相

日本晚樱　春季盛花期

群落分析

群落位置　园路两侧

群落结构　乔–灌–草复层混交，常绿、落叶树种结合。

景观特色　群落以春花、秋色为主要景观特色。春季，日本晚樱及紫叶桃正逢盛花时节，可营造春花夹径、落英缤纷的迷人景致；秋季银杏满树金黄、并有日本晚樱和紫叶桃红叶相衬，秋色可观。此外，油松、大叶黄杨四季常绿，令群落四季有绿；绿柳展叶早、落叶晚，可延长群落绿期，且树形高大婆娑，可丰富景观层次。日本晚樱及紫叶桃是优良的蜜源植物，油松、柳树也是主要的鸟类栖息树种。

苗木表

分类	植物名	株高（m）	冠幅（m）	地径（cm）	数量（株）
常绿乔木	油松	4.5	3	15	3
分类	植物名	株高（m）	冠幅（m）	胸径（cm）	数量（株）
落叶乔木	绿柳	10	5	25	2
	日本晚樱	3.5	2.7	10	7
	紫叶桃	3	2.7	10	6
	银杏	7	2.5	20	3
分类	植物名	株高（m）	蓬径（m）		数量（株）
灌木	大叶黄杨	1	0.8		14

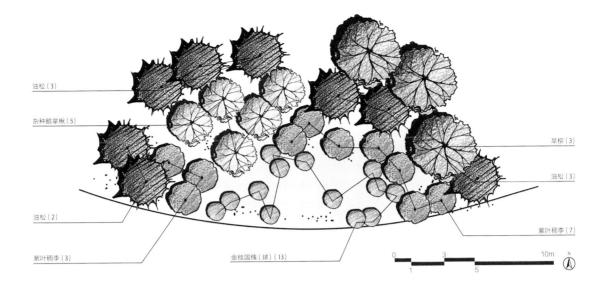

油松（3）

杂种鹅掌楸（5）

旱柳（3）

油松（3）

油松（2）

紫叶稠李（7）

紫叶稠李（3）

金枝国槐（球）（13）

0　　1　　3　　5　　10m　N

油松+旱柳+杂种鹅掌楸+紫叶稠李——金枝国槐（球）

群落分析

群落位置　园路西侧绿地林缘

群落结构　疏林草地，常绿、落叶树种结合。

景观特色　群落以叶色动态为景观特色，形成内聚的围合空间。油松及旱柳作为绿色背景；中景由杂种鹅掌楸及紫叶稠李构成，杂种鹅掌楸叶形独特、秋色叶金黄夺目，紫叶稠李春花满树洁白，更有常年异色叶丰富三季季相，前景由低矮球状金枝国槐构成，金黄色叶片使群落色彩基调更为明亮，提升了群落整体观赏效果。紫叶稠李的春花是优良的昆虫蜜源。

群落　夏季季相

群落　秋季季相

苗木表

分类	植物名	株高（m）	冠幅（m）	地径（cm）	数量（株）
常绿乔木	油松	6	3	20	8
分类	植物名	株高（m）	冠幅（m）	胸径（cm）	数量（株）
落叶乔木	旱柳	9	4.8	30	3
	紫叶稠李	4	2	15	10
	杂种鹅掌楸	7	2.8	20	5
分类	植物名	株高（m）	蓬径（m）	地径（cm）	数量（株）
灌木	金枝国槐（球）	1.5	1.2	10	13

紫叶稠李　秋色期

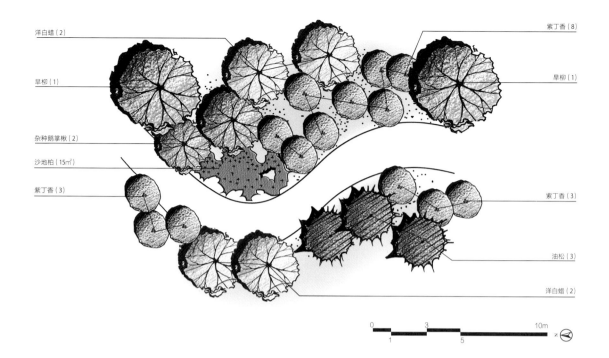

洋白蜡（2）

紫丁香（8）

旱柳（1）

旱柳（1）

杂种鹅掌楸（2）

沙地柏（15m²）

紫丁香（3）

紫丁香（3）

油松（3）

洋白蜡（2）

0　　　　3　　　　　　　　10m

1　　　　　　5

37 庆丰公园
植物群落 5

旱柳+洋白蜡+杂种鹅掌楸+油松——紫丁香+沙地柏

群落　秋季季相

紫丁香　秋色叶

杂种鹅掌楸　秋色叶

群落分析

群落位置　园路两侧

群落结构　乔–灌–地被，常绿、落叶树种结合。

景观特色　群落以春花、秋色为特色景观，借助缓坡地形营造夹径的观赏效果。紫丁香春花典雅，芳香怡人，秋色红艳，别具一格。群落中洋白蜡、杂种鹅掌楸是典型的秋色叶树种，秋季色彩之灿烂妙不可言，加之油松、沙地柏等全年常绿，为季相色彩动态起烘托之效，使得群落整体配植呈现丰富的季相变化。紫丁香是北京地区最具代表性的蜜源植物之一。

苗木表

分类	植物名	株高（m）	冠幅（m）	地径（cm）	数量（株）
常绿乔木	油松	4.5	2.8～3	15	3
分类	植物名	株高（m）	冠幅（m）	胸径（cm）	数量（株）
落叶乔木	旱柳	12	5	25	2
	洋白蜡	10	3.5～3.8	20	4
	杂种鹅掌楸	8	3～3.5	20	2
分类	植物名	株高（m）	蓬径（m）		数量
灌木	紫丁香	2	1.5		14株
	沙地柏	0.8	—		15m²

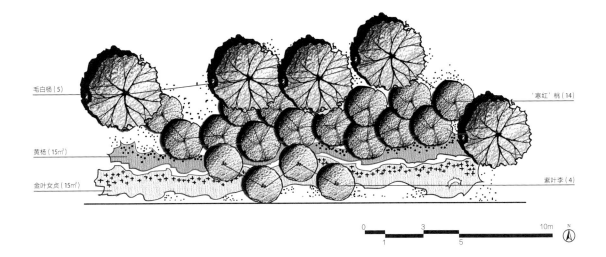

毛白杨（5）

黄杨（15m²）

金叶女贞（15m²）

'寒红'桃（14）

紫叶李（4）

0 3 10m
1 5

N

毛白杨+'寒红'桃+紫叶李——金叶女贞+黄杨

庆丰公园 38
植物群落 6

群落分析

群落位置　园路南侧

群落结构　大乔-小乔-地被，常绿、落叶树种结合。

景观特色　该群落以春花为主要景观特色，借助缓坡地形延展景观
层次。毛白杨构成群落背景，同时丰富林冠线；碧桃、紫叶李构成
中景，以春花及常年异色叶展现多彩的春季季相；前景的黄杨及金
叶女贞四季常青，高明度与饱和度的亮黄绿色与春花形成鲜明对
比，增强群落的色彩观赏性。碧桃及紫叶李是北京较好的早春蜜源
树种。

群落　春季季相

苗木表

分类	植物名	株高（m）	冠幅（m）	地径（cm）	数量（株）
落叶乔木	毛白杨	8	4	20	5
	'寒红'桃	1.8	1.8～2	8	14
	紫叶李	2.1	2	8	4

分类	植物名	株高（m）	数量（m²）
灌木	金叶女贞	0.8	15
	黄杨	0.8	15

'寒红'桃　盛花期

紫叶李
盛花期

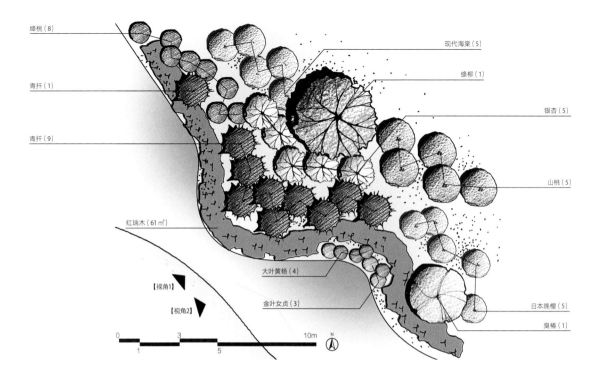

绛桃（8）

青扦（1）

青扦（9）

红瑞木（61㎡）

现代海棠（5）

绛柳（1）

银杏（5）

山桃（5）

日本晚樱（5）

臭椿（1）

大叶黄杨（4）

金叶女贞（3）

【视角1】

【视角2】

0　　　3　　　　10m
1　　　5　　　　N

39 庆丰公园
植物群落 7

青扦+绛柳+臭椿+银杏+现代海棠+日本晚樱+绛桃+山桃——红瑞木+大叶黄杨（球）+金叶女贞（球）

群落　早春季相（视角1）

群落　早春季相（视角2）

群落分析

群落位置　滨水缓坡

群落结构　乔-灌，常绿、落叶树种结合。

景观特色　群落位于水体东北岸的缓坡上，巧妙利用微微抬升的地形营造出丰富的群落层次及景深空间。群落前景由红瑞木和青扦构成，前者春可观花、夏可观白果、秋可观红叶、冬可观干；后者四季常绿，两者形成鲜明的色彩对比，尤其在百木凋零的冬日，其色彩仍具观赏性。群落中景、后景由山桃、碧桃、海棠、日本晚樱等春花乔灌木及银杏等秋色叶树种构成，春、秋两季展现出丰富的季相色彩。群落倒映于水中，景致更为美丽动人。

苗木表

分类	植物名	株高（m）	冠幅（m）	地径（cm）	数量（株）
常绿乔木	青扦	4	1.5	20	10
分类	植物名	株高（m）	冠幅（m）	胸径（cm）	数量（株）
落叶乔木	绛柳	7	4	30	1
	臭椿	6	2.5	18	1
	银杏	5	1.8	20	5
	现代海棠	2.8	1.5	15	5
	绛桃	1.6	1	18	8
	日本晚樱	2.5	1.2	20	5
	山桃	4	1.8	22	5
分类	植物名	株高（m）	蓬径（m）		数量
灌木	红瑞木	1.6	—		61m²
	大叶黄杨（球）	1.2	0.5		4株
	金叶女贞（球）	0.8	0.6		3株

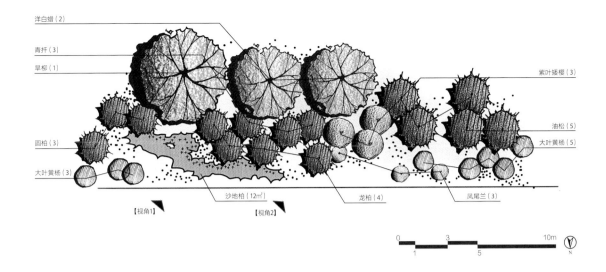

洋白蜡（2）
青扦（3）
旱柳（1）
紫叶矮樱（3）
圆柏（3）
油松（5）
大叶黄杨（5）
大叶黄杨（3）
沙地柏（12㎡）
龙柏（4）
凤尾兰（3）

【视角1】　【视角2】

0　　　3　　　　　　10m
1　　　　　5

旱柳+洋白蜡+油松+圆柏+青扦+紫叶矮樱——龙柏（球）+大叶黄杨+凤尾兰——
沙地柏

群落分析

群落位置　园路南侧

群落结构　乔–灌–地被，常绿、落叶树种结合。

景观特色　群落沿道路呈带状展开，构成树种多为常绿树及色叶树种，故以观叶为主要景观特色。常绿乔木油松、圆柏、青扦及常绿灌木龙柏（球）、大叶黄杨、沙地柏等构成层次丰富、高低错落的常绿景观，凸显盈盈绿意。秋色叶金黄的洋白蜡点缀其中，秋风萧瑟之时其便成为群落的亮调子；群落前部还配植有紫叶矮樱花，其叶色紫红，春花动人，夏季开花白花的凤尾兰穿插其间，也使得整个群落色调沉稳亦不失活泼。凤尾兰及紫叶矮樱的花可为昆虫提供蜜源。

群落　夏季季相（视角1）

群落　夏季季相（视角2）

苗木表

分类	植物名	株高（m）	冠幅（m）	地径（cm）	数量（株）
常绿乔木	油松	6	2.5	20	5
	青扦	4	1.8	15	3
	圆柏	7.5	2	20	3

分类	植物名	株高（m）	冠幅（m）	胸径（cm）	数量（株）
落叶乔木	旱柳	9	6	30	1
	紫叶矮樱	4	2	15	3
	洋白蜡	7	4	20	2

分类	植物名	株高（m）	蓬径（m）	数量
灌木	大叶黄杨	1	1.2	8株
	凤尾兰	0.8	0.8	3株
	龙柏（球）	0.6	1.8	4株
	沙地柏	0.5	—	12㎡

紫叶矮樱　常年异色叶

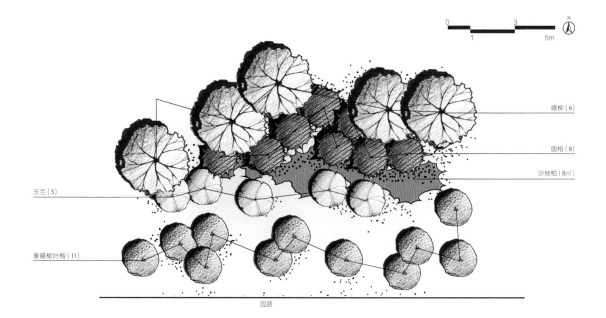

绦柳（6）

圆柏（8）

沙地柏（8㎡）

玉兰（5）

重瓣榆叶梅（11）

园路

41 庆丰公园
植物群落 9

绦柳+圆柏+玉兰——重瓣榆叶梅——沙地柏

群落　春季季相

玉兰　盛花期

群落分析

群落位置　园路北侧

群落结构　乔–灌–地被形成复层群落，落叶、常绿混交。

景观特色　群落以春花为主要景观特色，绿期长的绦柳及常绿的圆柏、沙地柏共同构成了群落背景；小乔木玉兰作为群落中景，春花洁白素雅；灌木榆叶梅春花绚丽夺目，引人驻足观赏。群落整体上层次丰富，季相色彩突出。

苗木表

分类	植物名	株高（m）	冠幅（m）	地径（cm）	数量（株）
常绿乔木	圆柏	6	1.6	20	8
分类	植物名	株高（m）	冠幅（m）	胸径（cm）	数量（株）
落叶乔木	绦柳	7.5～8	3～3.5	30	6
	玉兰	4.5	1.5	15	5
分类	植物名	株高（m）	蓬径（m）		数量
灌木	重瓣榆叶梅	1.8	1.5		11株
	沙地柏	0.4	—		8㎡

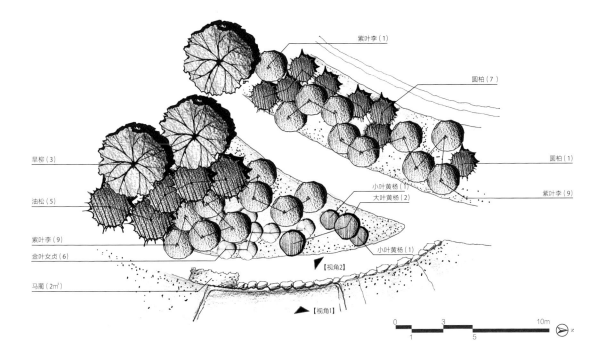

紫叶李（1）
圆柏（7）
旱柳（3）
油松（5）
圆柏（1）
紫叶李（9）
小叶黄杨（1）
大叶黄杨（2）
紫叶李（9）
金叶女贞（6）
小叶黄杨（1）
马蔺（2㎡）
【视角2】
【视角1】

0   3   10m
1   5   z

油松+圆柏+旱柳+紫叶李——大叶黄杨+小叶黄杨+金叶女贞——马蔺

庆丰公园 42
植物群落10

群落分析

群落位置 滨水道路西侧
群落结构 乔-灌为主，常绿、落叶树种结合。
景观特色 群落主要由常绿及常年异色叶树种构成，以观叶为主要。
油松、圆柏、大叶黄杨、小叶黄杨四季常绿，使得群落四季有绿可
赏；而紫叶李和金叶女贞则为群落四季增彩，尤其紫叶李叶色紫
红，与常绿灌木及地被的绿色形成鲜明对比，突出了群落的色彩观
赏性，实现了"增彩延绿"的景观效果。

群落 夏季季相（视角1）

群落 夏季季相（视角2）

苗木表

分类	植物名	株高（m）	冠幅（m）	地径（cm）	数量（株）
常绿乔木	油松	6	2	20	5
	圆柏	6	1.5	15	8
分类	植物名	株高（m）	冠幅（m）	胸径（cm）	数量（株）
落叶乔木	旱柳	8	4	30	3
	紫叶李	4.5	2	15	19
分类	植物名	株高（m）	蓬径（m）		数量（株）
灌木	小叶黄杨（球）	0.8	1		2
	金叶女贞（球）	1	1.2		6
	大叶黄杨（球）	1.5	1.5		2
分类	植物名	株高（m）	面积（m²）		
草本地被	马蔺	0.3	2		

紫叶李 春季盛花期

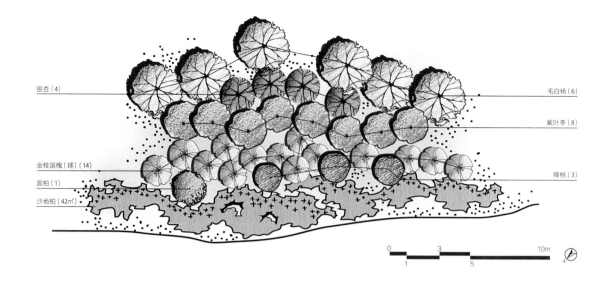

银杏（4）

毛白杨（6）

紫叶李（8）

金枝国槐（球）（14）

圆柏（1）

绛桃（3）

沙地柏（42㎡）

0　　　　3　　　　　　　10m
　1　　　　　5

43 庆丰公园
植物群落 11

圆柏+毛白杨+银杏+紫叶李+绛桃——金枝国槐（球）+沙地柏

群落　春季季相

群落　夏季季相

群落　冬季季相

群落分析

群落位置　园路路口东南

群落结构　乔–灌–地被，常绿、落叶树种结合。

景观特色　群落主要由常绿及常年异色叶树种构成，以观枝叶为主要景观特色。高大的毛白杨及银杏构成群落背景，毛白杨绿期长，银杏秋色叶金黄灿烂；常年异色叶的紫叶李、绛桃及金枝国槐（球）构成群落中景及视觉焦点；前两者常年叶色紫红又可赏春花，后者叶色常年金黄且冬季落叶后又有金枝可增彩，黄、紫形成鲜明色对比，极大丰富了群落的季相色彩。由沙地柏等构成的群落下层作为前景亦烘托、强调了中景的明艳色彩。绛桃等是蜜源植物。

苗木表

分类	植物名	株高（m）	冠幅（m）	地径（cm）	数量（株）
常绿乔木	圆柏	5	2	20	1

分类	植物名	株高（m）	冠幅（m）	胸径（cm）	数量（株）
落叶乔木	毛白杨	9	3	30	6
	绛桃	2	1.8	15	3
	紫叶李	5	2	20	8
	银杏	7	2.2	20	4

分类	植物名	株高（m）	蓬径（m）	数量
灌木	金枝国槐（球）	1.8	1.6	14株
	沙地柏	0.6	—	42㎡

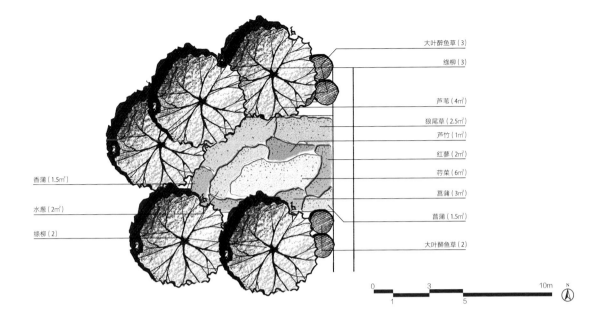

大叶醉鱼草（3）
绦柳（3）
芦苇（4㎡）
狼尾草（2.5㎡）
芦竹（1㎡）
红蓼（2㎡）
荇菜（6㎡）
菖蒲（3㎡）
茛蒲（1.5㎡）
大叶醉鱼草（2）

香蒲（1.5㎡）
水葱（2㎡）
绦柳（2）

0 3 10m N
1 5

绦柳──大叶醉鱼草──芦苇+香蒲+水葱+菖蒲+狼尾草+红蓼+荇菜+芦竹

巴沟山水园 44
植物群落 1

群落分析

群落位置 桥头湿地

群落结构 乔-草结构，以水生及湿生草本为主。

景观特色 该群落以湿地植被为景观特色。水生植物搭配丰富，富有自然野趣。群落花期集中于夏季。挺水植物包括芦苇、菖蒲、水葱、红蓼等，其中红蓼花期可绵延整个夏季，芦苇花序婆娑，秋色飒飒；浮水植物荇菜花色金黄，星星点点，缀满水面。桥头岸边种植旱柳，起到框景作用，又因其展叶早、落叶晚从而延长了群落整体绿期。茂盛的水生植物群落为涉禽、游禽等鸟类提供了优良的栖息地。

苗木表

分类	植物名	株高（m）	冠幅（m）	胸径（cm）	数量（株）
落叶乔木	绦柳	8	4.5	20	5
分类	植物名	株高（m）	蓬径（m）		数量（株）
灌木	大叶醉鱼草	1.8	1.2		5
分类	植物名	面积（m²）			
草本地被	狼尾草	2.5			
	芦苇	4			
	水葱	2			
	菖蒲	4.5			
	香蒲	1.5			
	红蓼	2			
	芦竹	1			
	荇菜	6			

群落 夏季季相

红蓼 夏季盛花期

荇菜 夏季盛花期

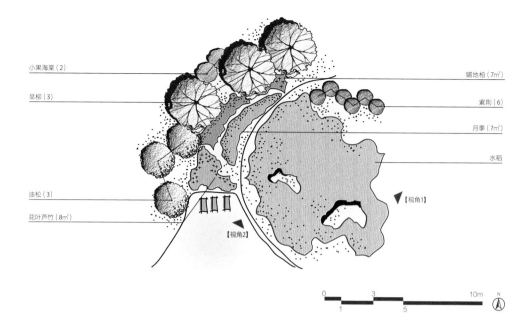

小果海棠（2）
旱柳（3）
铺地柏（7㎡）
紫荆（6）
月季（7㎡）
水稻
油松（3）
花叶芦竹（8㎡）
【视角1】
【视角2】

0　　　3　　　　　10m
1　　　　5　　　　　N

45 巴沟山水园 植物群落 2

油松+旱柳+小果海棠——紫荆+月季+铺地柏——水稻+花叶芦竹

群落　夏季季相（视角1）

群落　夏季季相（视角2）

水稻　秋季果实成熟期

群落分析

群落位置　湿地及滨水地带

群落结构　乔–灌–草 复层混交，以草本为主。

景观特色　该群落以水稻所独具的生产性景观为特色。为配合水稻种植的肌理和景观风貌，在稻田旁种植了大型草本花叶芦竹。群落灌木种植的月季令群落可夏季观花。紫荆及小果海棠在春季盛花期可增添群落色彩。将水稻引入城市景观，兼有生产及观赏功能，在秋季丰收之际，稻谷成为理想的鸟类食源。

苗木表

分类	植物名	株高（m）	冠幅（m）	地径（cm）	数量（株）
常绿乔木	油松	6	1.8～2	15	3
分类	植物名	株高（m）	冠幅（m）	胸径（cm）	数量（株）
落叶乔木	旱柳	11	3～3.5	30	3
	小果海棠	3.2	1～1.2	12	2
分类	植物名	株高（m）	蓬径（m）		数量
灌木	紫荆	2.2	0.8～1		6株
	月季	0.6	—		7㎡
	铺地柏	0.5	—		7㎡
分类	植物名	面积（㎡）			
地被	花叶芦竹	8			

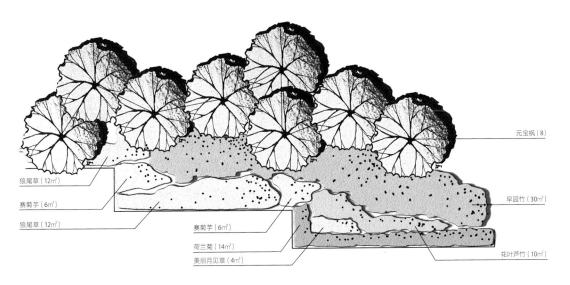

元宝枫（8）

狼尾草（12㎡）

赛菊芋（6㎡）

狼尾草（12㎡）

赛菊芋（6㎡）

荷兰菊（14㎡）

美丽月见草（4㎡）

早园竹（30㎡）

花叶芦竹（10㎡）

元宝枫——早园竹——赛菊芋+狼尾草+花叶芦竹+荷兰菊+美丽月见草

巴沟山水园 46
植物群落 3

群落分析

群落位置　公园内小广场西北角

群落结构　乔-草结构。

景观特色　该群落以夏秋季相为主要景观特色。前景为草本植物构成的小型花境，花期由夏季至秋初，营造了色彩丰富、极有野趣的花卉景观；中景由早园竹构成，为花卉景观提供了四季苍郁的绿色背景，且延长了群落整体绿期；背景为元宝枫树丛，秋色叶红艳夺目。赛菊芋、月见草等花卉是优良的蜜源植物。

群落　夏季季相

群落　秋季季相

苗木表

分类	植物名	株高（m）	冠幅（m）	地径（cm）	数量（株）
落叶乔木	元宝枫	10	5	25	8
分类	植物名	株高（m）	面积（m²）		
地被	狼尾草	0.5~0.8	24		
	美丽月见草	0.6	4		
	赛菊芋	0.8	12		
	荷兰菊	0.4	14		
	花叶芦竹	1.8	10		
分类	植物名	株高（m）	面积（m²）		
竹类	早园竹	2.5	30		

群落　冬季季相

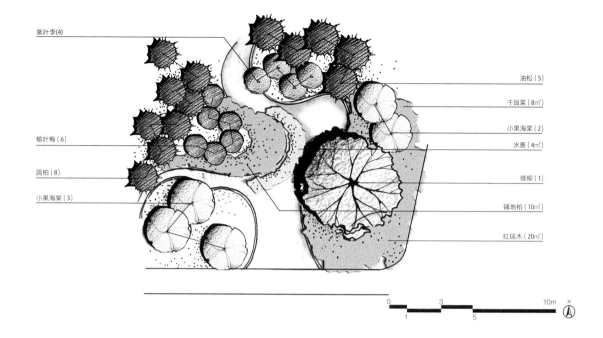

紫叶李(4)

榆叶梅（6）

圆柏（8）

小果海棠（3）

油松（5）

千屈菜（8㎡）

小果海棠（2）

水葱（4㎡）

绦柳（1）

铺地柏（10㎡）

红瑞木（20㎡）

0　　　3　　　　　10m　N

1　　　　5

47 巴沟山水园
植物群落 4

圆柏+油松+绦柳+紫叶李+小果海棠+榆叶梅——铺地柏+红瑞木——水葱+千屈菜

群落　夏季季相

群落　秋季季相

千屈菜　秋色盛期

群落分析

群落位置　公园桥头溪畔

群落结构　乔－灌－草复层混交，常绿、落叶树种结合。

景观特色　蜿蜒的浅溪及水畔顺势所做的植物配植极大丰富了群落空间层次和观赏景深。油松、圆柏、沙地柏等常绿乔木四季常青，榆叶梅春花景观经常绿树衬托愈加烂漫，构成后景；水中种植水葱等水生植物，高低错落，富有野趣，丰富了中景；红瑞木季相丰富，花、果、叶、干皆可观，千屈菜夏季花开、秋色明艳，构成前景。此外，旱柳春季展叶早、落叶晚，可延长群落绿期。丰富的树种构成及群落层次共同打造了水岸生境，提高了城市栖息地的质量，红瑞木白色的果实可作为鸟类食源。

苗木表

分类	植物名	株高（m）	冠幅（m）	地径（cm）	数量（株）
常绿乔木	油松	3.5	2	15	5
	圆柏	4	1.8	20	8
分类	植物名	株高（m）	冠幅（m）	胸径（cm）	数量（株）
落叶乔木	绦柳	11	6	30	1
	小果海棠	3	2	15	5
	榆叶梅	2	2	20	6
	紫叶李	2.7	1.8	25	4
分类	植物名	株高（m）	蓬径（m）		面积（m²）
灌木	铺地柏	1.2	0.6		10
	红瑞木	0.8	1		20
分类	植物名	面积（m²）			
草本地被	水葱	4			
	千屈菜	8			

元宝枫（1）

'格拉茨'芒（15m²）

圆柏（3）

萱草（15m²）

现代海棠（5）

旱柳（3）

圆柏（7）

'金山'绣线菊（6m²）

棣棠（3m²）

元宝枫（3）

沙地柏（14m²）

0　　1　　3　　5　　　　　10m　N

圆柏+旱柳+元宝枫+现代海棠——棣棠+'金山'绣线菊+沙地柏——萱草+'格拉茨'芒

巴沟山水园 48
植物群落 5

群落分析

群落位置　园路两侧

群落结构　乔-灌-草复层混交，常绿、落叶树种结合。

景观特色　群落以道路弧线为延展方向，路两侧植物景观配植效果既不同而又彼此呼应。道路右侧以常绿植物为主，圆柏、沙地柏使得乔灌层四季常绿，配植绿期长的旱柳、春花灌木棣棠、夏季观花的'金山'绣线菊以及典型秋色叶树种元宝枫，使得群落四季有景可赏。道路左侧以草本植物为主，种植芒、萱草，上方配植小乔木海棠，使得道路两侧植被空间结构相呼应。萱草、绣线菊是优良的蜜源植物，海棠果可作为鸟类食源。

苗木表

分类	植物名	株高（m）	冠幅（m）	地径（cm）	数量（株）
常绿乔木	圆柏	5	2	15	10

分类	植物名	株高（m）	冠幅（m）	胸径（cm）	数量（株）
落叶乔木	旱柳	9	4	30	3
	元宝枫	5	3	20	3
	现代海棠	4	2	10	5

分类	植物名	株高（m）	面积（m²）	
灌木	沙地柏	1.2	14	
	棣棠	0.8	3	
	'金山'绣线菊	0.6	6	

分类	植物名	株高（m）	面积（m²）	
地被	'格拉茨'芒	0.4	15	
	萱草	0.15	15	

群落　夏季季相

群落　秋季季相

'格拉茨'芒　秋色期

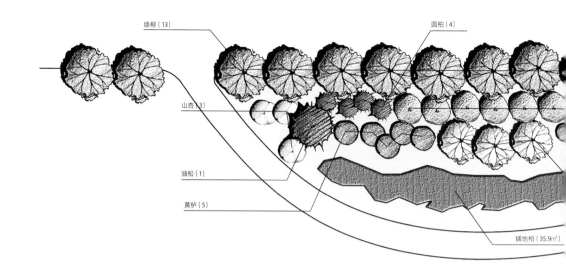

绦柳（13）　　　　　　　　　　　　圆柏（4）

山杏（3）

油松（1）

黄栌（5）

铺地柏（35.9m²）

49 **长春健身园**
植物群落 1

油松+圆柏+绦柳+元宝枫+山杏+紫叶李——黄栌+榆叶梅+铺地柏

■■ 群落
秋季季相（全景）

群落分析

群落位置　园路东侧缓坡地形

群落结构　乔-灌-草复层混交，常绿、落叶树种结合。

景观特色　群落呈带状展开，以春花、秋色为主要观赏特色，层次丰富，季相多变。榆叶梅、山杏及紫叶李等可春季赏花；紫叶李叶色常年紫红，可为夏季景观增彩；秋季更有银杏、黄栌、元宝枫、榆叶梅等树种的秋色叶构成黄-红色系的过渡色彩；加之有四季常青的油松、圆柏作背景相称，铺地柏作前景相托，群落空间层次丰富，景观色彩突出。榆叶梅及山杏的花、果分别为优良的蜜源及鸟类食源。

苗木表

分类	植物名	株高（m）	冠幅（m）	地径（cm）	数量（株）
常绿乔木	油松	3.5	2	30	4
	圆柏	4.5	1.2	25	10
分类	植物名	株高（m）	冠幅（m）	胸径（cm）	数量（株）
落叶乔木	绦柳	8	3	35~40	13
	元宝枫	5	2.5	20	3
	紫叶李	3.8~4	1.8~2	15~18	13
	山杏	2.5	1.5	15	6
分类	植物名	株高（m）	冠幅（m）	地径（cm）	数量
灌木	榆叶梅	2	1.2	12	7株
	黄栌	3	1.5	18	5株
	铺地柏	0.3	—	—	35.9m²

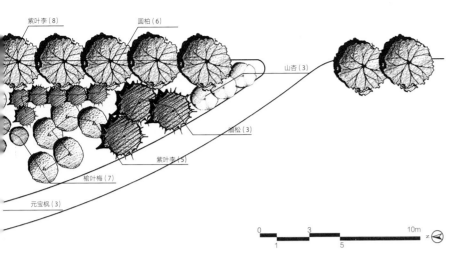

紫叶李（8）　圆柏（6）

山杏（3）

油松（3）

紫叶李（5）

榆叶梅（7）

元宝枫（3）

0　　　　3　　　　　　　　10m
　　1　　　　　5　　　　　　N

群落
秋季季相（局部1）

群落
秋季季相（局部2）

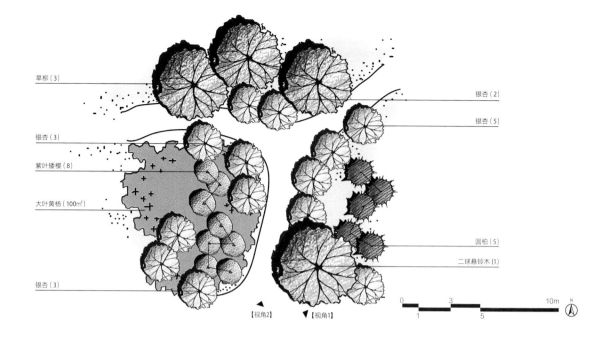

旱柳（3）

银杏（2）

银杏（5）

银杏（3）

紫叶矮樱（8）

大叶黄杨（100㎡）

圆柏（5）

二球悬铃木（1）

银杏（3）

0 3 10m
1 5

【视角2】 ▼【视角1】

50 长春健身园
植物群落 2

圆柏+旱柳+二球悬铃木+银杏——紫叶矮樱+大叶黄杨

群落 秋季季相（视角1）

群落分析

群落位置 园路两侧及交叉口

群落结构 乔-灌-地被，常绿、落叶树种结合。

景观特色 群落位于三岔路口，具有多角度的观赏需求。群落三季可赏，以秋季景观更为突出。旱柳作为群落背景，展叶早、落叶晚，可延长群落整体绿色观赏期；大叶黄杨及圆柏使群落四季皆有绿，而紫叶矮樱不仅春季可赏白花，其常年红色叶也为群落三季季相增添色彩；银杏及悬铃木黄-橙秋色叶即使在阴天等光线条件欠佳的天气下也能呈现出明艳的色彩。

苗木表

分类	植物名	株高（m）	冠幅（m）	地径（cm）	数量（株）
常绿乔木	圆柏	6	1.5	20	5
分类	植物名	株高（m）	冠幅（m）	胸径（cm）	数量（株）
落叶乔木	银杏	6	2.2	15	13
	旱柳	10	4.5	30	3
	二球悬铃木	9	5	25	1
分类	植物名	株高（m）	蓬径（m）		数量
灌木	紫叶矮樱	2.5	1.5		8株
	大叶黄杨	0.5	—		100㎡

群落 秋季季相（视角2）

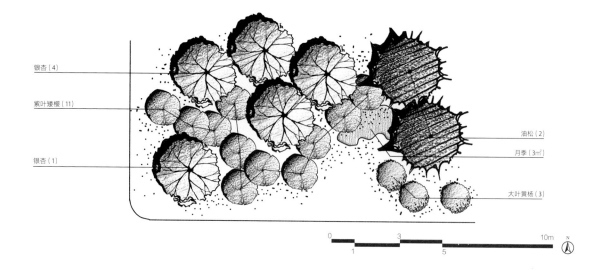

银杏（4）

紫叶矮樱（11）

银杏（1）

油松（2）
月季（3㎡）

大叶黄杨（3）

0　　3　　　　　　10m　N
1　　　　5

51 长春健身园
植物群落 3

群落　秋季季相

银杏　秋色盛期

紫叶矮樱　春季盛花期

群落分析

群落位置　公园出入口

群落结构　乔-灌-地被复层混交，常绿、落叶树种结合。

景观特征　群落位于公园出入口，对植物景观的色彩观赏性等有较高要求。秋季为此群落的最佳观赏季，银杏叶色金黄、紫叶矮樱叶色红艳，两者形成强烈的色彩对比，又有常绿乔木油松相衬，构成公园入口的一处醒目景观。此外，紫叶矮樱及月季分别于春、夏盛开，且月季花期由夏初至初秋可长达数月，为群落四时之景增添了色彩。

苗木表

分类	植物名	株高（m）	冠幅（m）	地径（cm）	数量（株）
常绿乔木	油松	4.5	3	15	2

分类	植物名	株高（m）	冠幅（m）	胸径（cm）	数量（株）
落叶乔木	银杏	7	3	20	5

分类	植物名	株高（m）	蓬径（m）	数量
灌木	紫叶矮樱	1.7	1.5	11株
	大叶黄杨	1.2	1.2	3株
	月季	0.5	—	3㎡

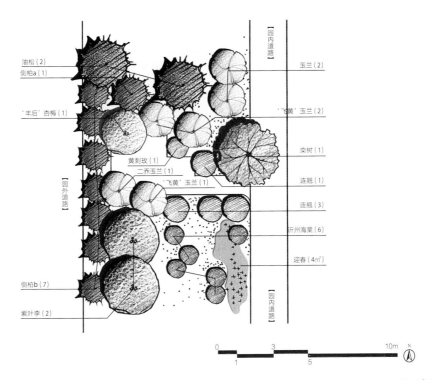

油松（2）
侧柏a（1）
'丰后'杏梅（1）
黄刺玫（1）
二乔玉兰（1）
'飞黄'玉兰（1）
侧柏b（7）
紫叶李（2）

玉兰（2）
'飞黄'玉兰（2）
栾树（1）
连翘（1）
连翘（3）
沂州海棠（6）
迎春（4m²）

【园内道路】
【园外道路】
【园内道路】

0　3　10m
1　5　N

侧柏+油松+紫叶李+栾树+二乔玉兰+'飞黄'玉兰+玉兰+'丰后'杏梅——连翘+沂州海棠+黄刺玫+迎春

群落分析

群落位置　北海西岸，园路西侧，公园西缘

群落结构　乔-灌-地被，常绿、落叶树种结合。

景观特色　群落呈南北向带状展开，并于中心小广场四周形成围合空间，既可沿园路观，亦可进入绿地中观赏。群落春花、秋色皆可赏，且以春花为最突出的景观特色。春季盛花时节，玉兰、'丰后'杏梅、紫叶李、黄刺玫、连翘、迎春、沂州海棠竞相开放，缤纷绚烂。秋季，栾树、玉兰等纷纷呈现秋色，也具有一定观赏性。此外，常绿的侧柏、油松保证了群落四季皆有绿，紫叶李常年紫红的叶色也丰富了群落季相色彩。群落中多样的春花树种可为昆虫提供丰富蜜源。

群落　春季季相

'丰后'杏梅　春季盛花期

'飞黄'玉兰　春季盛花期

苗木表

分类	植物名	株高（m）	冠幅（m）	地径（cm）	数量（株）
常绿乔木	油松	5	2.8	30	2
	侧柏a	5.5	1.8	25	1
	侧柏b	4.5	1.5	20	7

分类	植物名	株高（m）	冠幅（m）	胸径（cm）	数量（株）
落叶乔木	紫叶李	5	3	20	2
	栾树	6	3.5	25	1
	二乔玉兰	3.5	1.8	18	1
	'飞黄'玉兰	3.5	1.8	18	3
	玉兰	4	2	20	2
	'丰后'杏梅	3	2.5	22	1

分类	植物名	株高（m）	蓬径（m）	数量
灌木	连翘	1.8	1.5	4株
	黄刺玫	1.2	1	1株
	沂州海棠	0.8	1	6株
	迎春	0.4	—	4m²

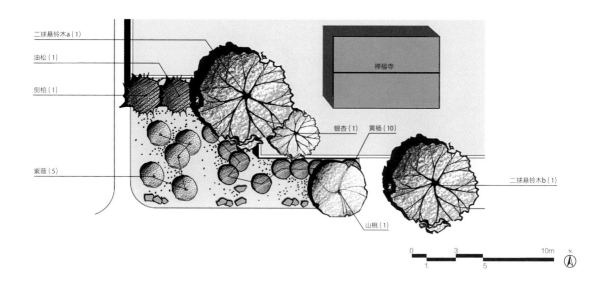

二球悬铃木a（1）

油松（1）

侧柏（1）

紫薇（5）

禅福寺

银杏（1）　黄杨（10）

二球悬铃木b（1）

山桃（1）

0　　3　　　　　　　10m

1　　　5

N

53　北海公园
植物群落 2

侧柏+油松+二球悬铃木+山桃+银杏——紫薇+黄杨

群落分析

群落位置　禅福寺西南角绿地

群落结构　乔木–灌木组成复层群落。

景观特色　群落以禅福寺的红墙及建筑为背景，多应用北京传统园林中常用树种，在烘托建筑历史气氛的同时展现出丰富的群落层次及季相景观。树冠圆整的二球悬铃木及常绿树构成群落上层，山桃及银杏构成中层，紫薇及黄杨构成下层。春季山桃白花满树，夏季紫薇粉花盛开，秋季悬铃木叶色橘红、银杏金黄灿烂，且油松、侧柏及黄杨等常绿树的应用使群落四季皆有绿，与红墙相衬，景观美丽动人，引人驻足。

群落　夏季季相

苗木表

分类	植物名	株高（m）	冠幅（m）	地径（cm）	数量（株）
常绿乔木	油松	3	2.3	30	1
	侧柏	9	2.5	20	1
分类	**植物名**	**株高（m）**	**冠幅（m）**	**胸径（cm）**	**数量（株）**
落叶乔木	二球悬铃木a	7.5	8	45	1
	二球悬铃木b	8	6.5	40	1
	银杏	6	3	35	1
	山桃	3	3.5	35	1
分类	**植物名**	**株高（m）**	**蓬径（m）**		**数量（株）**
灌木	紫薇	2	1.8		5
	黄杨	1.5	1.5		10

群落　暮秋季相

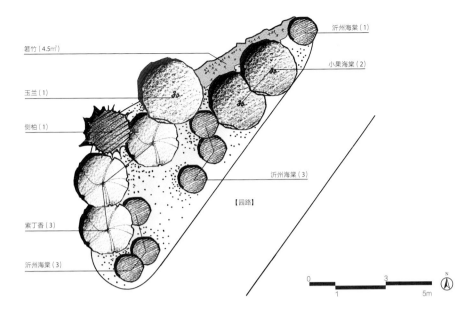

箬竹（4.5㎡）

玉兰（1）

侧柏（1）

紫丁香（3）

沂州海棠（3）

沂州海棠（1）

小果海棠（2）

沂州海棠（3）

【园路】

0 1 3 5m

N

侧柏+小果海棠+玉兰——紫丁香+沂州海棠——箬竹

群落分析

群落位置 北海北岸，小西天南侧，园路西北侧

群落结构 乔-灌-地被，常绿、落叶树种结合。

景观特色 群落主要应用北京传统园林树木与花卉在狭长三角状的小面积绿地中营造出了复合的群落结构和以春花为主要观赏特色的季相景观，整体风格精致素雅。玉兰、小果海棠、紫丁香、沂州海棠于春季相继开放，整个群落以淡粉色为主要色彩基调，点缀以沂州海棠的朱红，与其北侧小西天的红墙黄瓦相映成趣。此外，侧柏和箬竹作为背景也使得群落四季均有绿意，亦反衬出红墙与花木明艳的色彩。

群落　春季季相

苗木表

分类	植物名	株高（m）	冠幅（m）	地径（cm）	数量（株）
常绿乔木	侧柏	3.5	1.5	25	1
分类	植物名	株高（m）	冠幅（m）	胸径（cm）	数量（株）
落叶乔木	小果海棠	3	2	15	2
	玉兰	4	2.5	20	1
分类	植物名	株高（m）	蓬径（m）		数量（株）
灌木	紫丁香	1.8	1.8		3
	沂州海棠	1.2	0.8		7
分类	植物名	株高（m）	数量（㎡）		
竹类	箬竹	0.4	4.5		

沂州海棠　春季盛花期

小果海棠
春季盛花期

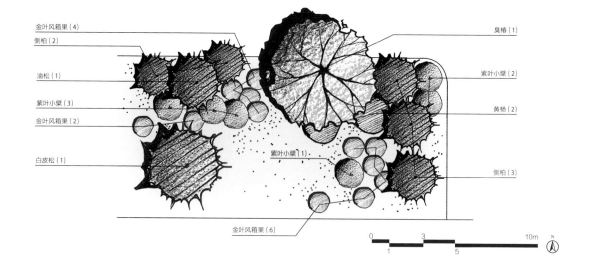

金叶风箱果（4）
侧柏（2）
油松（1）
紫叶小檗（3）
金叶风箱果（2）
白皮松（1）
紫叶小檗（1）
金叶风箱果（6）

臭椿（1）
紫叶小檗（2）
黄杨（2）
侧柏（3）

0 3 5 10m N

55 北海公园
植物群落 4

侧柏+油松+白皮松+臭椿——紫叶小檗+金叶风箱果+黄杨

群落　秋季季相

群落分析

群落位置　北海北岸的园路北侧

群落结构　乔-灌结构，常绿、落叶树种结合。

景观特色　群落以疏林草地为主要配植形式。树形优美、高大冠浓的臭椿构成群落视觉焦点，东西两侧的常绿树及低矮灌木围合出中心的开敞空间。群落以观叶为主要景观特色，常绿树油松、侧柏、白皮松的应用使得群落四季绿意浓浓，金叶风箱果及紫叶小檗的常年异色叶在深色的背景衬托下更为突出。白皮松姿态优美、树干洁白美观，作为孤植树独具风雅；金叶风箱果于春季绽放白色花朵、果实成熟期为明艳的亮红色，观赏性极佳，是优良的"春花秋实"树种和蜜源树种；臭椿花开时满树黄花、夏季成熟的红色翅果及秋色叶亦具有观赏性。

苗木表

分类	植物名	株高(m)	冠幅(m)	地径（cm）	数量(株)
常绿乔木	白皮松	5	4.5	25	1
	油松	3.5	2.8	30	1
	侧柏	6	2~2.5	20~25	5
分类	植物名	株高(m)	冠幅(m)	胸径（cm）	数量(株)
落叶乔木	臭椿	8	7	30	1
分类	植物名	株高(m)	蓬径(m)		数量(株)
灌木	金叶风箱果	1	1		12
	紫叶小檗	1.2	1.5		6
	黄杨	1.5	2		2

群落　冬季季相

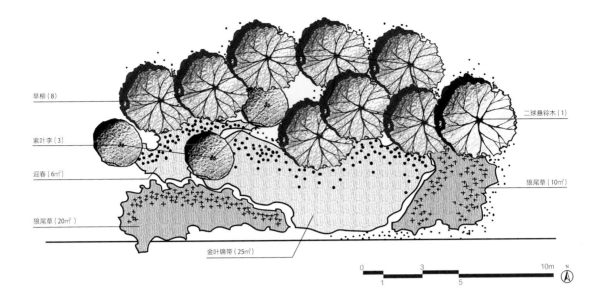

旱柳（8）

紫叶李（3）

迎春（6㎡）

狼尾草（20㎡）

金叶锦带（25㎡）

二球悬铃木（1）

狼尾草（10㎡）

0   3   10m
  1   5

旱柳+二球悬铃木+紫叶李——金叶锦带+迎春——狼尾草

东升郊野公园 56
植物群落 1

群落分析

群落位置　郊野公园园路北侧

群落结构　大乔木–小乔木–地被。

景观特色　该群落以落叶树种为骨架，三季可赏，季相动态丰富。群落以旱柳为上层及背景，低矮灌木–迎春、金叶锦带及观赏草–狼尾草为下层及前景。金叶锦带、迎春、紫叶李等春季可观花，狼尾草的银白色花序可绵延整个夏季，悬铃木秋季叶色橙黄明亮，且秋色期可至冬初。同时紫叶李、金叶锦带的常年异色叶形成鲜明的色彩对比，可为群落增彩。

■　群落　夏季季相

旱柳　盛花期

苗木表

分类	植物名	株高（m）	冠幅（m）	胸径（cm）	数量（株）
落叶乔木	旱柳	7.5	3.5	25	8
	二球悬铃木	9	4	20	1
	紫叶李	4	2.5	20	3
分类	植物名	株高（m）	数量（m²）		
灌木	迎春	0.4	6		
	金叶锦带	0.6	25		
分类	植物名	株高（m）	数量（m²）		
草本地被	狼尾草	0.8	30		

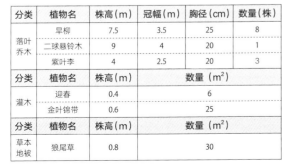

二球悬铃木　秋色期

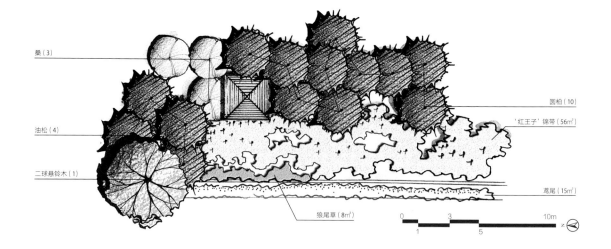

桑（3）

油松（4）

二球悬铃木（1）

圆柏（10）

'红王子'锦带（56m²）

鸢尾（15m²）

狼尾草（8m²）

0　　3　　10m
1　　　5　　　Z

57 东升郊野公园
植物群落 2

圆柏+油松+桑+二球悬铃木——'红王子'锦带——狼尾草+鸢尾

群落分析

群落位置　园路东侧

群落结构　乔木–灌木–地被，常绿、落叶树种结合。

景观特色　该群落以夏季为主要观赏季，群落空间及视线开敞、自然式与规则式配植结合、层次分明且富有野趣，体现了郊野公园的植物景观特色。整形的'红王子'锦带构成群落中景，其于初夏绽放，花期较长，并于8月盛夏时节再次开花；春夏交际也是鸢尾蓝紫花开放的时间，而狼尾草的蓬松花序此时在夏日逆光下婆娑摇曳，别有一番风情，两者构成群落前景。群落前景及中景叶色为明亮的黄绿色，而深绿色的油松及圆柏作为常绿背景，凸显了植物景观的四季生机。此外，群落应用了北京乡土树种——桑树，其抗性强、养护成本低，果实是优良的鸟类食源。

群落　夏季季相

鸢尾　盛花期

苗木表

分类	植物名	株高（m）	冠幅（m）	地径（cm）	数量（株）
常绿乔木	圆柏	7	2.8～3	12	10
	油松	5	3	15	4
分类	植物名	株高（m）	冠幅（m）	胸径（cm）	数量（株）
落叶乔木	桑树	5	2.5	10	3
	二球悬铃木	9	4	20	1
分类	植物名	株高（m）	面积（m²）		
灌木	'红王子'锦带	1	56		
分类	植物名	株高（m）	面积（m²）		
草本地被	狼尾草	0.8	8		
	鸢尾	0.4	15		

'红王子'锦带　盛花期

绦柳(7)

银杏(1)

紫叶李（2）

百日草（12㎡）

紫叶风箱果（20㎡）

紫叶李（2）

盾叶天竺葵（25㎡）

【园路】

0　　　3　　　　10m
　1　　　5

绦柳+银杏+紫叶李——紫叶风箱果——盾叶天竺葵+百日草

群落分析

群落位置　郊野公园园路东侧

群落结构　大乔木-小乔木-地被复层结构。

景观特色　该群落景观由落叶植物构成。上层绦柳姿态优美、树形婆娑，且展叶早、落叶晚，作为背景可有效延长群落绿色观赏期。林下景观由整形低矮灌木紫叶风箱果及百日草、盾叶天竺葵等花色明艳的夏花草本构成；紫叶风箱果是园林新品种，其不仅可春季观白花、夏季观红果，常年紫红色的叶片也大大丰富了群落色彩。中层由春花及常年异色叶小乔木——紫叶李构成，点植于林下地被之中，既不会喧宾夺主，又丰富了群落景观层次，增添了郊野风情和自然野趣。此外，百日草等草本花卉是优秀的蜜源植物。

群落　夏季季相

紫叶风箱果　夏季果实

苗木表

分类	植物名	株高（m）	冠幅（m）	胸径（cm）	数量（株）
落叶乔木	绦柳	9	3.5	25	7
	紫叶李	4.5	2	15	4
	银杏	5.4	2.8	20	1

分类	植物名	株高（m）	蓬径（m）	数量（㎡）
灌木	紫叶风箱果	1.3	1	20

分类	植物名	株高（m）	面积（㎡）
草本地被	百日草	0.5	12
	盾叶天竺葵	0.3	25

盾叶天竺葵　盛花期

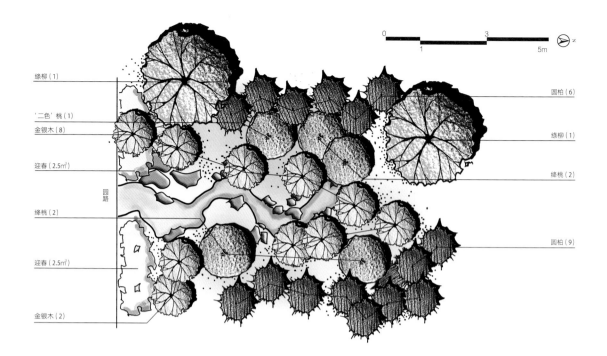

绿柳（1）

'二色'桃（1）
金银木（8）

迎春（2.5m²）

园路

绛桃（2）

迎春（2.5m²）

金银木（2）

圆柏（6）

绿柳（1）

绛桃（2）

圆柏（9）

0 1 3 5m N

59 北京植物园
植物群落 1

圆柏+绿柳+绛桃+'二色'桃——金银木+迎春

群落　春季季相

金银木　展叶期

迎春　盛花期

群落分析

群落位置　溪流两侧

群落结构　乔–灌–草复层混交，常绿、落叶树种结合。

景观特色　该群落沿溪流带状延伸，具有丰富的景深空间，迎春、金银木构成前景，碧桃及金银木构成中景，圆柏构成背景，以早春植被的开花展叶为主要景观特色，在3月下旬乍暖还寒时，迎春凌寒绽放，旱柳及金银木即已展叶，而后碧桃盛开，花色明艳，构成了桃红柳绿、欣欣向荣的早春景致，并拉开了万物复苏的景观序幕。金银木秋季成熟的红果既具有观赏性，也是备受鸟类偏爱的食源。

苗木表

分类	植物名	株高(m)	冠幅(m)	地径(cm)	数量(株)
常绿乔木	圆柏	4	1	20	15

分类	植物名	株高(m)	冠幅(m)	胸径(cm)	数量(株)
落叶乔木	绿柳	8	3	30	2
	绛桃	1.8	1.5	15	4
	'二色'桃	1.8	1.5	15	1

分类	植物名	株高(m)	蓬径(m)	数量
灌木	金银木	1.5	1.2	10株
	迎春	0.7	—	5m²

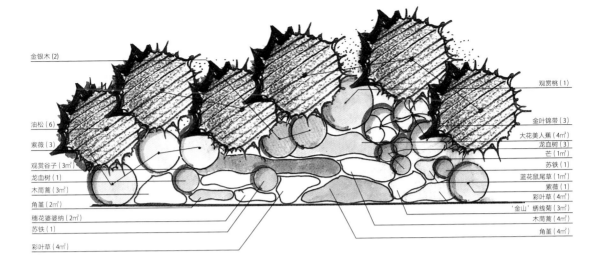

金银木 (2)

油松 (6)

紫薇 (3)

观赏谷子 (3m²)

龙血树 (1)

木简蒿 (3m²)

角堇 (2m²)

穗花婆婆纳 (2m²)

苏铁 (1)

彩叶草 (4m²)

观赏桃 (1)

金叶锦带 (3)

大花美人蕉 (4m²)

龙血树 (3)

芒 (1m²)

苏铁 (1)

蓝花鼠尾草 (1m²)

紫薇

彩叶草 (4m²)

'金山'绣线菊 (3m²)

木简蒿 (4m²)

角堇 (4m²)

群落分析

群落位置 中轴路东侧花境

群落结构 乔木—灌木—草本地被。

景观特色 群落以宿根，一、二年生花卉及花灌木等构成的花境为主景（前景），以四季常绿的油松为背景。花境以春、夏季为主要观赏季节，植物种类及色彩丰富，花期前后有序，并有春花连翘、夏花紫薇、常年异色叶的金叶锦带等灌木点景，丰富了群落中层空间景观。所用大部分草本花卉及花灌木均是优良的蜜源植物。龙血树、苏铁等为季节性临时展示，冬季移入室内越冬。

群落 夏季季相

苗木表

分类	植物名	株高（m）	冠幅（m）	地径（cm）	数量（株）
常绿乔木	油松	4.5	3	30	6
分类	植物名	株高（m）	蓬径（m）	胸径（cm）	数量（株）
落叶乔木	观赏桃	1.5	2.5	18	1
分类	植物名	株高（m）	蓬径（m）		数量
灌木	紫薇	2.5	1.5~1.8		4株
	金银木	1.5	1.5		2株
	金叶锦带	1.3	1.5		3株
	龙血树	0.5	0.8~1		3株
	苏铁	0.5	0.8		2株
	'金山'绣线菊	0.4	—		3m²
分类	植物名	面积（m²）			
地被	观赏谷子	3			
	木简蒿	7			
	角堇	6			
	穗花婆婆纳	2			
	芒	1			
	彩叶草	7			
	蓝花鼠尾草	1			
	大花美人蕉	4			

穗花婆婆纳 夏季盛花期

彩叶草 常年异色叶

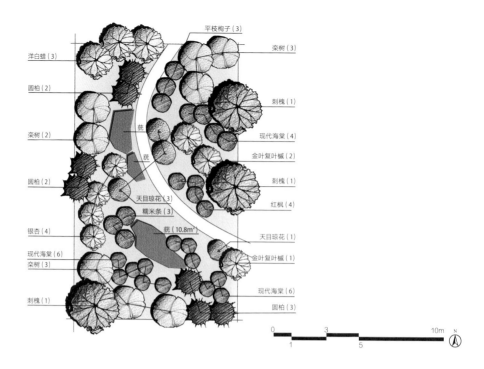

洋白蜡（3）
平枝栒子（3）
栾树（3）
圆柏（2）
刺槐（1）
栾树（2）
现代海棠（4）
金叶复叶槭（2）
圆柏（2）
刺槐（1）
天目琼花（3）
红枫（4）
糯米条（3）
菰（10.8m²）
天目琼花（1）
银杏（4）
金叶复叶槭（1）
现代海棠（6）
栾树（3）
现代海棠（6）
刺槐（1）
圆柏（3）
菰

0 3 10m N
1 5

61 北京植物园
植物群落 3

银杏+圆柏+洋白蜡+栾树+刺槐+金叶复叶槭+红枫+现代海棠——天目琼花+糯米条+平枝栒子+菰

群落　秋季季相

糯米条　秋季萼片

天目琼花　秋色叶

群落分析

群落位置　海棠栒子园园路两侧

群落结构　乔-灌-草复层混交，常绿、落叶树种结合。

景观特色　该群落沿道路弧线（转弯处）展开，具有丰富的树种构成及多层次的景观空间；并借助缓坡地形加强景深等空间感。群落以春花及秋色叶为主要景观特色，景观季相动态突出且四时可赏。春季有天目琼花、现代海棠等花开烂漫；盛夏时节有菰及栾树绽放，前者蓝花盈盈，后者金黄满树且花期可长达半月之久；而秋季是该群落植物景观色彩最为丰富的季节，银杏、金叶复叶槭等叶色金黄，而红枫、栾树、天目琼花、平枝栒子等则秋色叶红艳，并有常绿的圆柏作背景，构成了色彩明丽的秋季胜景；红艳的海棠果冬季宿存，不仅丰富了冬季景观色彩，且可为鸟类提供食源。

苗木表

分类	植物名	株高（m）	冠幅（m）	地径（cm）	数量（株）
常绿乔木	圆柏	5	1.5	25	7
分类	植物名	株高（m）	冠幅（m）	胸径（cm）	数量（株）
落叶乔木	洋白蜡	7	2	30	3
	栾树	6	2	25～30	8
	银杏	6	1.5	20	4
	刺槐	8	3	30	3
	金叶复叶槭	6	1.8	25	3
	红枫	2.5	1	18	4
	现代海棠	2～2.5	1～1.2	15	16
分类	植物名	株高（m）	蓬径（m）	地径（cm）	数量
灌木	天目琼花	2	1.5	35	4株
	糯米条	1.8	1.2	40	3株
	平枝栒子	1.5	1.2	30	3株
	菰	0.35	—	—	10.8m²

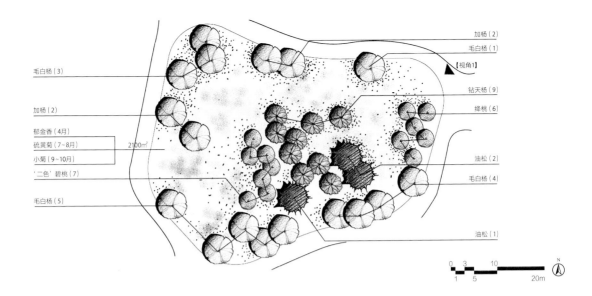

加杨（2）
毛白杨（1）
【视角1】
钻天杨（9）
绛桃（6）
油松（2）
毛白杨（4）

毛白杨（3）
加杨（2）
郁金香（4月）
硫黄菊（7～8月）
小菊（9～10月）
'二色'碧桃（7）
毛白杨（5）

2100m²

油松（1）

0 3   10
1 5   20m
N

油松+加杨+毛白杨+钻天杨+绛桃+'二色'碧桃——郁金香（4月）/硫黄菊（7～8月）/小菊（9～10月）

群落分析

群落位置　北京植物园科普馆以西

群落结构　乔木-地被，常绿、落叶树种结合。

景观特色　群落以大面积观赏花卉为主要景观特色。地被层栽植草本花卉形成极具冲击力的下垫面景观，高大挺拔的钻天杨构成竖向的结构线，而群落中层的绛桃则引导了观赏视线的聚焦，丰富了群落垂直层次及早春季相色彩。草本花卉种类及景观随季节更替，早春4月突出郁金香花海景观，应用不同花型、花色、花期的郁金香品种，通过色彩设计形成自然灵动的纹理图案，成为植物园早春时节标志性景观；夏季7～8月片植硫黄菊，黄及橙黄色花相间，呈现出"野花草甸"的景观效果；秋季9～10月栽植小菊，团团簇簇，红、粉、黄各色相间，色彩明艳丰富，在少有花盛开的北京秋季亦形成了市民喜闻乐见的特色景观。

苗木表

分类	植物名	株高（m）	冠幅（m）	地径（cm）	数量（株）
常绿乔木	油松	5.5	6	35	3
分类	植物名	株高（m）	冠幅（m）	胸径（cm）	数量（株）
落叶乔木	钻天杨	22～25	4	30	9
	加杨	13～15	7～7.5	40～50	4
	毛白杨	15～16	6.5～7	40～50	13
	绛桃	2	2.2～2.5	15～20	6
	'二色'碧桃	2	2～2.5	15～18	7
分类	植物名	株高（m）	面积（m²）		
草本地被	郁金香	0.3～0.6	2100		
	硫黄菊	0.3～0.4			
	小菊	0.25～0.3			

注：地被种植面积2100m²。春季种植郁金香，夏季种植硫黄菊，秋季种植小菊。

群落　春季季相

群落　夏季季相

群落　秋季季相

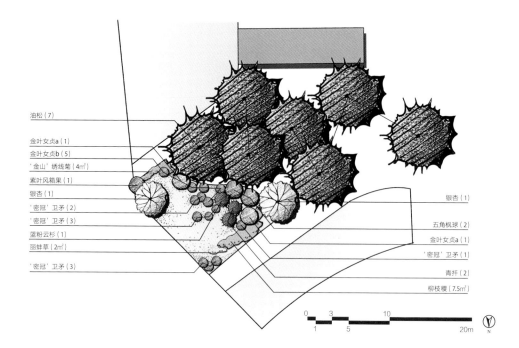

油松（7）
金叶女贞a（1）
金叶女贞b（5）
'金山'绣线菊（4㎡）
紫叶风箱果（1）
银杏（1）
'密冠'卫矛（2）
'密冠'卫矛（3）
蓝粉云杉（1）
丽蚌草（2㎡）
'密冠'卫矛（3）

银杏（1）
五角枫球（2）
金叶女贞a（1）
'密冠'卫矛（1）
青扦（2）
柳枝稷（7.5㎡）

0 3   10   20m
 1   5   N

63 北京植物园
植物群落 5

油松+银杏+青扦+蓝粉云杉——紫叶风箱果+五角枫（球）+金叶女贞（球）+'密冠'卫矛+'金山'绣线菊——柳枝稷+丽蚌草

群落 夏季季相

群落 秋季季相

'密冠'卫矛 秋色盛期

群落分析

群落位置　北京植物园温室东南

群落结构　乔–灌–地被，常绿、落叶树种结合。

景观特色　群落以观叶为主要景观特色，季相色彩丰富。前景低矮树丛是群落的视觉焦点，由常年叶色金黄（秋冬季叶色变绿）的金叶女贞、常年叶色紫红的紫叶风箱果、秋色叶色红艳的'密冠'卫矛、秋色叶色金黄的五角枫（球）、叶色四季蓝绿的蓝粉云杉等构成，其中灌木皆以圆球树形点植于草地上，景观小巧精致；草坪边缘以常年叶金黄的'金山'绣线菊、花序暗红的观赏草柳枝稷及叶色银白的丽蚌草"镶边"。数株冠大荫浓的油松构成群落背景，衬托出前景植被的明亮色彩。

苗木表

分类	植物名	株高（m）	冠幅（m）	地径（cm）	数量（株）
常绿乔木	油松	7.5	8	35~45	7
	青扦	2.5	1.8	15	2
	蓝粉云杉	2.5	1.8	15	1

分类	植物名	株高（m）	冠幅（m）	胸径（cm）	数量（株）
落叶乔木	银杏	8	4	30	2

分类	植物名	株高（m）	蓬径（m）	数量
灌木	金叶女贞a	2.5	2	2株
	金叶女贞b	1	1.2	5株
	五角枫（球）	2.8	2	2株
	紫叶风箱果	1.8	2	1株
	'密冠'卫矛	1.5	1	9株
	'金山'绣线菊	0.6	—	4㎡

分类	植物名	株高（m）	数量（㎡）
草本地被	柳枝稷	1.5	7.5
	丽蚌草	0.4	2

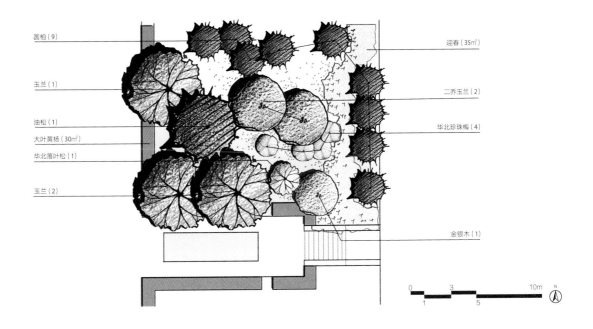

圆柏（9）

玉兰（1）

油松（1）

大叶黄杨（30m²）

华北落叶松（1）

玉兰（2）

迎春（35m²）

二乔玉兰（2）

华北珍珠梅（4）

金银木（1）

油松+圆柏+玉兰+二乔玉兰+华北落叶松——金银木+华北珍珠梅+迎春+大叶黄杨

群落分析

群落位置　北京植物园玉兰园内

群落结构　乔-灌-地被，常绿、落叶树种结合。

景观特色　群落以春花、秋色为主要景观特色，以玉兰属植物为群落的"明星"树种。春季有玉兰、二乔玉兰相继开放，前者洁白素雅、后者紫红热烈。盛开的迎春花明艳的金黄色作为群落的底色，吸引游人的视线；油松、圆柏等常绿树作背景，将这色彩鲜亮的春季盛景衬得更具魅力。而秋季玉兰与华北落叶松的秋色叶呈现出黄至橘黄的明丽色彩，也具有较高观赏性。

群落　春季季相

苗木表

分类	植物名	株高（m）	冠幅（m）	地径（cm）	数量（株）
常绿乔木	油松	8	5	30~40	1
	圆柏	9.5	2.5	25	9
分类	植物名	株高（m）	冠幅（m）	胸径（cm）	数量（株）
落叶乔木	华北落叶松	7	2	30	1
	玉兰	9	6.5	38	3
	二乔玉兰	4.5	4	25	2
分类	植物名	株高（m）	蓬径（m）		数量
灌木	金银木	3	3.5		1株
	华北珍珠梅	1.5	1.8		4株
	迎春	0.6	—		35m²
	大叶黄杨	1.5	—		30m²

群落　初秋季相

玉兰
春季盛花期

玉兰
秋色盛期

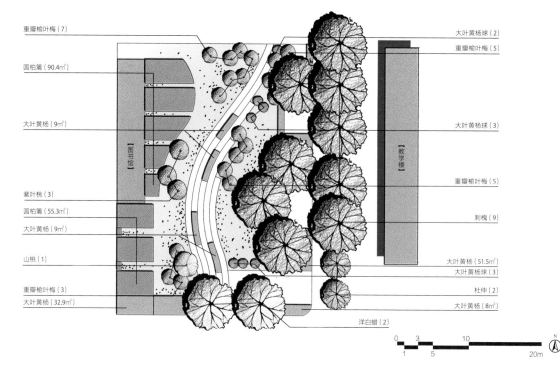

重瓣榆叶梅（7）　　　　　　　　　　　　　　　　大叶黄杨球（2）

　　　　　　　　　　　　　　　　　　　　　　　　重瓣榆叶梅（5）

圆柏篱（90.4㎡）

大叶黄杨（9㎡）　　　　　　　　　　　　　　　　　大叶黄杨球（3）

【图书馆】　　　　　【教学楼】

紫叶桃（3）

圆柏篱（55.3㎡）　　　　　　　　　　　　　　　　重瓣榆叶梅（5）

大叶黄杨（9㎡）

山桃（1）　　　　　　　　　　　　　　　　　　　　刺槐（9）

重瓣榆叶梅（3）　　　　　　　　　　　　　　　　　大叶黄杨（51.5㎡）

大叶黄杨（32.9㎡）　　　　　　　　　　　　　　　大叶黄杨球（3）

　　　　　　　　　　　　　　　　　　　　　　　　杜仲（2）

　　　　　　　　　　　　　　　　　　　　　　　　大叶黄杨（8㎡）

洋白蜡（2）

```
0    3        10
1    5              20m
```
N

65 北京林业大学校园绿地植物群落 1

刺槐+洋白蜡+杜仲+山桃+紫叶桃——重瓣榆叶梅+大叶黄杨（球）+大叶黄杨（篱）+圆柏（篱）

群落　春季季相

刺槐　盛花期

重瓣榆叶梅　盛花期

群落分析

群落位置　北京林业大学图书馆东侧

群落结构　乔-灌-草坪，常绿、落叶树种结合。

景观特色　群落位于图书馆东侧、教学楼西侧的方形绿地，绿地中有南北向蜿蜒的阶梯状小广场，沿广场零星点植或丛植重瓣榆叶梅、山桃、紫叶桃等春花小乔灌，形成花径景观，早春时节一片缤纷，穿行其中美不胜收。西侧的整形大叶黄杨、圆柏所形成的高低不一的绿篱，不仅强调了广场规则式的图底关系，亦成为整个群落的线性背景。群落东侧为刺槐丛植形成的林荫空间，春夏交际之时，满树白花，芳香袭人，静坐或经过此处皆给人舒爽美妙之感。此外，洋白蜡秋色叶金黄，丰富了群落的秋季色彩。

苗木表

分类	植物名	株高（m）	冠幅（m）	胸径（cm）	数量（株）
落叶乔木	刺槐	15～18	7	30～35	9
	洋白蜡	12	5	40	2
	山桃	4.5	3	28	1
	杜仲	10	3.5	25	2
	紫叶桃	2.5	2	18	3

分类	植物名	株高（m）	蓬径（m）	数量
灌木	重瓣榆叶梅	1.8	1.5	20株
	大叶黄杨（球）	0.8	1	8株
	大叶黄杨（篱）	0.6	—	110.4㎡
	圆柏（篱）	1	—	145.7㎡

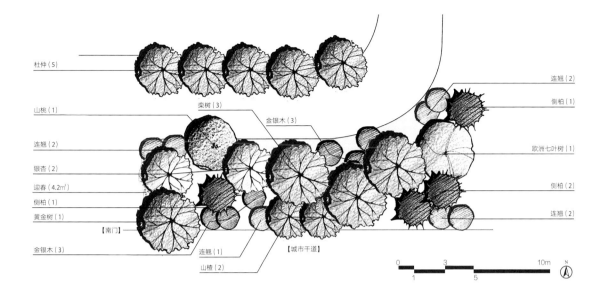

杜仲（5）

山桃（1）

连翘（2）

银杏（2）

迎春（4.2㎡）

侧柏（1）

黄金树（1）

【南门】

金银木（3）

栾树（3）

金银木（3）

连翘（1）

山楂（2）

【城市干道】

连翘（2）

侧柏（1）

欧洲七叶树（1）

侧柏（2）

连翘（2）

0　1　3　5　10m　N

侧柏+黄金树+银杏+山桃+杜仲+栾树+欧洲七叶树+山楂——金银木+连翘+迎春

北京林业大学校园绿地 66
植物群落 2

群落分析

群落位置　北京林业大学南门入口东侧

群落结构　乔-灌，常绿、落叶树种结合。

景观特色　群落位于校园东南，西侧为南门入口，南侧为城市道路，北侧为校园环路，因而具有多个观赏面，故群落通过合理配植营造出多样的景观空间及形态。以群落西北角的视角为例，景观主要构成树种为上层的黄金树与银杏，中层的山桃，下层的连翘及迎春。早春，山桃、迎春及连翘相继于叶前盛开，彰显了春季的悄然而至；夏季，黄金树满树白花，增添了夏日色彩；秋季，黄金树及银杏先后呈现金黄秋色，灿烂夺目，形成了丰富的季相动态。

苗木表

分类	植物名	株高(m)	冠幅(m)	地径（cm）	数量(株)
常绿乔木	侧柏	6	2	20	4
分类	植物名	株高(m)	冠幅(m)	胸径（cm）	数量(株)
落叶乔木	黄金树	9	4	25	1
	银杏	8.5	2.8	25	2
	山桃	5.5	3.5	30	1
	杜仲	7	2.8~3	25	5
	栾树	8.5	4	20	3
	欧洲七叶树	7	3.8	22	1
	山楂	3	2.5	18	2
分类	植物名	株高(m)	蓬径(m)		数量
灌木	金银木	1.8	1.5		6株
	连翘	1.8~2	1.5~2		7株
	迎春	1~1.5	—		4.2m²

群落　春季季相

群落　秋季季相

黄金树
夏季盛花期

黄金树
秋色盛期

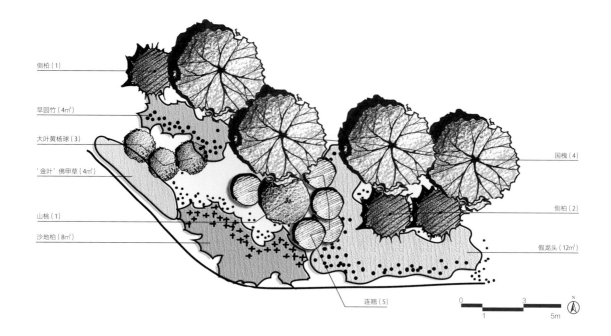

侧柏（1）
早园竹（4㎡）
大叶黄杨球（3）
'金叶'佛甲草（4㎡）
山桃（1）
沙地柏（8㎡）
连翘（5）
国槐（4）
侧柏（2）
假龙头（12㎡）

0　　　3
1　　　5m
N

华严北里小区健身公园
植物群落 1

侧柏+国槐+山桃——早园竹——连翘+大叶黄杨+沙地柏——'金叶'佛甲草+假龙头

群落　夏季季相

假龙头　夏季盛花期

'金叶'佛甲草

群落分析

群落位置　居住区健身公园内园路一侧

群落结构　乔木–灌木–草本地被，常绿、落叶树种结合。

景观特色　群落层次丰富，尤其注重地被层的配植，以春、夏为主要观赏季节。冠层浑圆紧实的国槐构成群落背景，前景的连翘、山桃可观春花，草本层的假龙头可观夏花，早园竹、侧柏、沙地柏、大叶黄杨的配植令群落四季皆绿，而'金叶'佛甲草在地被中的应用则为群落色彩增添了明亮的一笔。

苗木表

分类	植物名	株高（m）	冠幅（m）	地径（cm）	数量（株）
常绿乔木	侧柏	5	2	20	3
分类	植物名	株高（m）	冠幅（m）	胸径（cm）	数量（株）
落叶乔木	国槐	8	5	30	4
	山桃	3	2	15	1
分类	植物名	株高（m）	蓬径（m）	地径（cm）	数量
灌木	连翘	1.8	1.2	40	5株
	大叶黄杨（球）	0.8	1	30	3株
	沙地柏	0.6	—	—	8m²
分类	植物名	株高（m）	数量（m²）		
草本地被	假龙头	0.3	12		
	'金叶'佛甲草	0.15	4		
分类	植物名	株高（m）	数量（m²）		
竹类	早园竹	3	4		

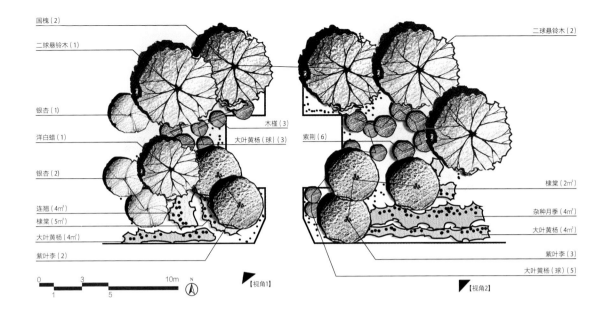

国槐（2）
二球悬铃木（1）
银杏（1）
洋白蜡（1）
银杏（2）
连翘（4㎡）
棣棠（5㎡）
大叶黄杨（4㎡）
紫叶李（2）
木槿（3）
大叶黄杨（球）（3）
紫荆（6）
二球悬铃木（2）
棣棠（2㎡）
杂种月季（4㎡）
大叶黄杨（4㎡）
紫叶李（3）
大叶黄杨（球）（5）

0　　3　　　　　　10m
1　　　5　　　　　　N

【视角1】
【视角2】

国槐+二球悬铃木+洋白蜡+银杏+紫叶李——木槿+连翘+棣棠+杂种月季+大叶黄杨+紫荆

紫薇天悦小区绿地 68
植物群落 1

群落分析

群落位置　高层住宅楼入口两侧

群落结构　乔木–灌木组成复层群落。

景观特色　群落层次丰富、树种多样，呈近对称式配植，且东、西两部分又各具特色。群落春、夏、秋三季皆可赏，春季有连翘、棣棠、紫荆、紫叶李等可赏春花；夏季有国槐、木槿、月季等开放，花期可持数月；秋季有银杏、洋白蜡、二球悬铃木等呈现绚烂秋色，且紫叶李叶色常年紫红，丰富了群落季相色彩。棣棠、连翘、木槿、月季等明艳的花朵可招蜂引蝶，增加群落生物多样性。

群落　夏季季相（视角1）

苗木表

分类	植物名	株高（m）	冠幅（m）	胸径（cm）	数量（株）
落叶乔木	国槐	11	2.5	35	2
	二球悬铃木	13	5	30	3
	紫叶李	4.5	2.5	20	5
	洋白蜡	8	3.5	25	1
	银杏	6	2.5	20	3

分类	植物名	株高（m）	蓬径（m）	数量
灌木	木槿	2.5	1.5	3株
	紫荆	2	1.2	6株
	大叶黄杨（球）	0.6	1	8株
	连翘	1.5	—	4㎡
	棣棠	1.2	—	7㎡
	杂种月季	1	—	4㎡
	大叶黄杨（篱）	0.6	—	8㎡

群落　夏季季相（视角2）

紫荆
春季盛花期

棣棠
春季盛花期

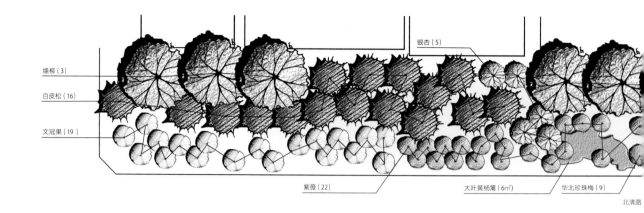

绦柳（3）
白皮松（16）
文冠果（19）
银杏（5）
紫薇（22）
大叶黄杨篱（6㎡）
华北珍珠梅（9）
北清路

69 北清路道路附属绿地
植物群落 1

白皮松+油松+绦柳+银杏+二球悬铃木+金叶榆——文冠果+碧桃——华北珍珠梅+紫薇+大叶黄杨篱

群落分析

群落位置　北清路北侧之建筑南侧

群落结构　乔-灌-草复层混交，常绿落叶树种结合。

景观特色　该群落为城市主干道北侧的一块标准段种植，要求兼具观赏性及防护功能，因而群落树种组团的基本规模较大，并以高大乔木——绦柳及枝叶紧密的常绿针叶树——白皮松、油松为背景，文冠果、紫薇、华北珍珠梅、碧桃、金叶榆等观赏性较强的小乔木及灌木构成前景。群落景观四季可赏，春季有碧桃、文冠果依次开放，形成"桃红柳绿"的美丽景象；华北珍珠梅、紫薇夏季绽放，花期可持续整个夏季，更有金叶榆增彩；银杏、悬铃木秋色金黄灿烂，十分醒目。群落大量应用了文冠果等乡土树种，对于高速路烟尘废气等污染具有较强抗性和适应性，可有效降低养护成本，提高景观质量。

紫薇　夏季盛花期

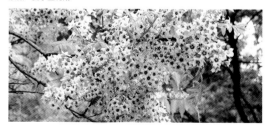

文冠果　春季盛花期

苗木表

分类	植物名	株高（m）	冠幅（m）	地径（cm）	数量（株）
常绿乔木	白皮松	7.5	2.5	20	16
	油松	7	2.5	30	7
分类	植物名	株高（m）	冠幅（m）	胸径（cm）	数量（株）
落叶乔木	绦柳	10	5	30	8
	银杏	8	1.8	20	15
	二球悬铃木	4	1	12	23
	金叶榆	3.5	1.5	12	6
	文冠果	3.2	1.6	10	19
	碧桃	2	2	15	11
分类	植物名	株高（m）	冠幅（m）	地径（cm）	数量（株）
灌木	紫薇	2.5	1.5	8	22
	华北珍珠梅	1.5	1.5	10	9
	大叶黄杨（篱）	面积6㎡			

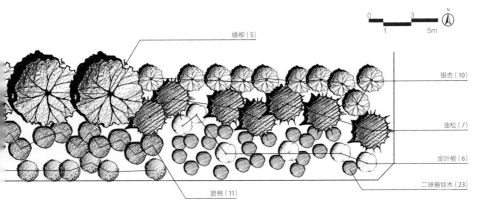

绦柳（5）

银杏（10）

油松（7）

金叶榆（6）

二球悬铃木（23）

碧桃（11）

0 3 5m
1
N

群落
总季季相

视角1
绦柳+白皮松—文冠果

视角2
白皮松—紫薇

视角3
绦柳+油松—碧桃—华北珍珠梅

视角4
银杏+油松—二球悬铃木+金叶榆

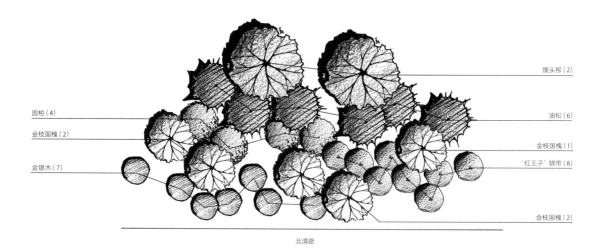

圆柏（4）
金枝国槐（2）
金银木（7）

馒头柳（2）
油松（6）
金枝国槐（1）
'红王子'锦带（8）
金枝国槐（2）

北清路

**70 北清路道路附属绿地
植物群落 2**

油松+圆柏+馒头柳+金枝国槐——'红王子'锦带+金银木

群落
夏季季相

群落分析

群落位置　北清路北侧

群落结构　乔木–灌木，常绿、落叶树种结合。

景观特色　群落四季可赏，色彩丰富，以春季季相更为突出；由对道路烟尘废气具有较强抗性的多种乡土树种构成。馒头柳的伞形饱满树冠丰富了群落的林冠线；以油松、圆柏两种常绿树为背景，烘托出前景中金枝国槐的明亮叶色；此外，前景中的金银木、'红王子'锦带春季可观花，且金银木秋季成熟的红色果实可为鸟类提供食源。

苗木表

分类	植物名	株高（m）	冠幅（m）	地径（cm）	数量（株）
常绿乔木	油松	3	3	15	6
	圆柏	3.5	2	15	4
分类	植物名	株高（m）	冠幅（m）	胸径（cm）	数量（株）
落叶乔木	馒头柳	7	5	25	2
	金枝国槐	2	3~3.5	20	5
分类	植物名	株高（m）	蓬径（m）		数量（株）
灌木	'红王子'锦带	1.5~1.8	1.5		8
	金银木	1.8~2	1.5~1.8		7

金银木
春季盛花期

'红王子'锦带
夏季盛花期

丰台区北宫国家森林公园示范区

海淀区阜成路银杏大道景观堤升示范区

西城区广宁公园示范区

西城区复兴门绿地示范区

东城区明城墙遗址公园示范区

东城区新中街城市森林公园示范区

朝阳区和谐雅园社区示范区

通州区东郊湿地公园示范区（一、二期）

通州区东六环西辅路示范区（一、二期）

东城区明城墙遗址公园示范区

北京市首批增彩延绿科技示范重点工程之一。示范区面积共 1.4 万 m²，以增彩延绿植物品种丰富多样、有针对性结合土壤改良和灌溉节水为特色。

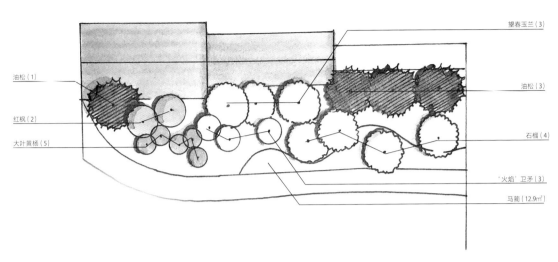

油松（1）

红枫（2）

大叶黄杨（5）

望春玉兰（3）

油松（3）

石榴（4）

'火焰'卫矛（3）

马蔺（12.9㎡）

油松+望春玉兰+石榴+红枫——'火焰'卫矛+大叶黄杨——马蔺

东城区明城墙遗址公园示范区 01
植物群落 1

群落分析

群落位置　园路北侧廊架南侧

群落结构　乔-灌-草复层混交，常绿、落叶树种结合。

景观特色　群落位于仿古中式廊架旁，精致典雅、四时可观。早春有望春玉兰可观花，其白花叶前开放，优雅大方；夏季石榴花、果红艳引人注目，并有马蔺的蓝紫花点缀林下地被；秋季是该群落色彩最丰富的时节，红枫常年异色而秋季叶色观赏性最佳，'火焰'卫矛叶色如其名红艳热烈，而石榴、望春玉兰叶色则为灿烂的金黄色，又有油松常绿背景相衬，色彩对比突出，给人以强烈的视觉感。

群落　秋季季相

'火焰'卫矛　秋色期

苗木表

分类	植物名	株高（m）	冠幅（m）	地径（cm）	数量（株）
常绿乔木	油松	4	2	15～20	4

分类	植物名	株高（m）	冠幅（m）	胸径（cm）	数量（株）
落叶乔木	望春玉兰	4.5	1.8	15	3
	石榴	3	1.5～1.8	12	4
	红枫	2	1.5	10	2

分类	植物名	株高（m）	蓬径（m）	地径（cm）	数量（株）
灌木	大叶黄杨	0.8	0.8	40	5
	'火焰'卫矛	1.5	1.2	30	3

分类	植物名	株高（m）	面积（m²）		
草本地被	马蔺	0.4	12.9		

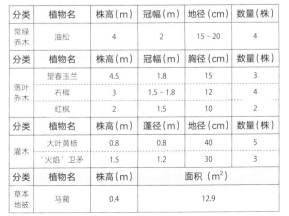

石榴　秋色期

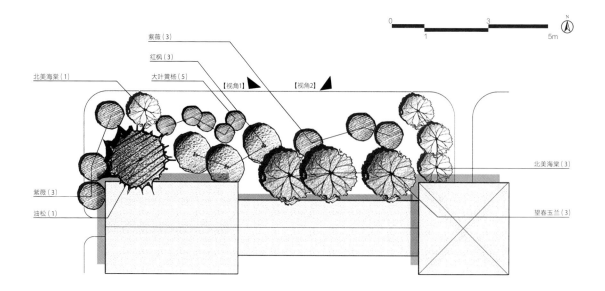

紫薇（3）

红枫（3）

北美海棠（1）　　大叶黄杨（5）

【视角1】　　【视角2】

北美海棠（3）

紫薇（3）

油松（1）

望春玉兰（3）

0　　　　　3

1　　　　　　5m

N

02 东城区明城墙遗址公园示范区植物群落 2

油松+望春玉兰+红枫+北美海棠——紫薇+大叶黄杨（球）

群落　秋季季相（视角1）

群落　秋季季相（视角2）

红枫　秋色期

群落分析

群落位置　廊架南侧

群落结构　乔木–灌木，常绿、落叶树种结合。

景观特色　群落位于仿古中式廊架旁，精致典雅、四时可观。早春有望春玉兰及北美海棠可观花，玉兰硕大的白色花朵绽满枝头，朴素而美丽；其下北美海棠粉花烂漫、落英缤纷，烘托了古色古香、淡雅怡人的气氛；夏季紫薇盛开，花色白–粉–紫次第渐变，丰富明艳；秋季是红枫叶色最佳观赏期，其与北美海棠橙红叶色及廊架柱梁的暗红色调相呼应，形成和谐而饱满的秋色景观。油松四季常青，更迎合了此处复古景观的历史氛围。

苗木表

分类	植物名	株高（m）	冠幅（m）	地径（cm）	数量（株）
常绿乔木	油松	5	1.8	30	1
分类	植物名	株高（m）	冠幅（m）	胸径（cm）	数量（株）
落叶乔木	望春玉兰	3.5～4	1.5	20	3
	红枫	1.8	1.2	12	3
	北美海棠	1.5	1	15	4
分类	植物名	株高（m）	蓬径（m）	地径（cm）	数量（株）
灌木	紫薇	1.8	0.9	30	6
	大叶黄杨（球）	0.8	0.6	40	2

金银木（5）　银红槭（5）　麦冬（12.5㎡）　圆柏（4）　银红槭（3）

城市干道

金银木（3）

栾树（1）

油松（1）

圆柏（2）

玉簪（25.4㎡）

天目琼花（6）

栾树（3）

0　　1　　3　　5m　N

圆柏+油松+银红槭+栾树——天目琼花+金银木——玉簪+麦冬

东城区明城墙遗址公园示范区 03
植物群落 3

群落分析

群落位置　绿地东缘、城市干道西侧

群落结构　乔-灌-草复层混交，常绿、落叶树种结合。

景观特色　群落四季可赏，以夏季及秋季景观更为突出。春季金银木、天目琼花等花灌木盛开，乳白色花纯净素雅；夏季栾树盛开，金黄满树，且因可二次开花而具有较长观赏期，花后成熟的红色"灯笼"果也十分美观；盛夏时节，林下地被层色彩也开始丰富起来，玉簪及麦冬具有较好耐荫性，其白色及蓝紫色花序于林下铺展成一片花海；秋季，栾树、银红槭和天目琼花秋色叶红艳，在四季常青的油松及圆柏映衬下更为突出；冬季，金银木的红色果实既具有观赏性，又可作为鸟类食源。此外，麦冬绿色期长，至冬初依然可呈现生机勃勃的绿意。

群落　秋季季相

苗木表

分类	植物名	株高（m）	冠幅（m）	地径（cm）	数量（株）
常绿乔木	圆柏	7	1.2	15	6
	油松	4.5	1.8	25	1
分类	**植物名**	**株高（m）**	**冠幅（m）**	**胸径（cm）**	**数量（株）**
落叶乔木	银红槭	5	1.8	12	8
	栾树	5.5	2	15	4
分类	**植物名**	**株高（m）**	**蓬径（m）**	**地径（cm）**	**数量（株）**
灌木	天目琼花	0.8~1	0.8	40	6
	金银木	1.2	1	40	8
分类	**植物名**	**株高（m）**	**面积（m²）**		
草本地被	玉簪	0.4	25.4		
	麦冬	0.15~0.2	12.5		

天目琼花　秋色期

银红槭
秋色期

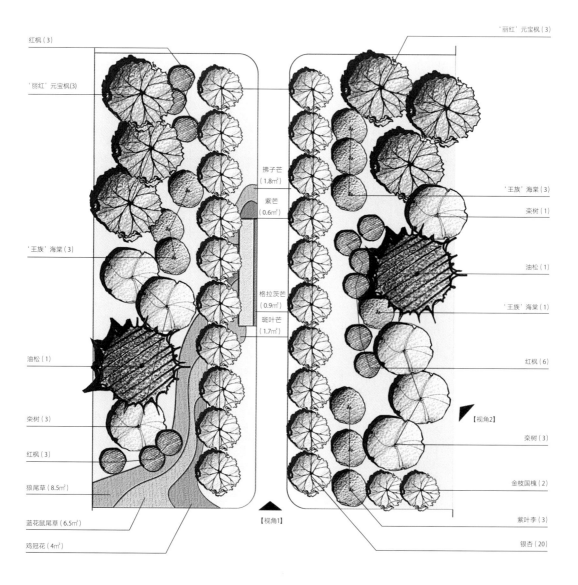

红枫（3）

'丽红'元宝枫(3)

'王族'海棠（3）

油松（1）

栾树（3）

红枫（3）

狼尾草（8.5㎡）

蓝花鼠尾草（6.5㎡）

鸡冠花（4㎡）

拂子芒
（1.8㎡）

紫芒
（0.6㎡）

格拉茨芒
（0.9㎡）

斑叶芒
（1.7㎡）

【视角1】

'丽红'元宝枫（3）

'王族'海棠（3）

栾树（1）

油松（1）

'王族'海棠（1）

红枫（6）

【视角2】

栾树（3）

金枝国槐（2）

紫叶李（3）

银杏（20）

0   3   10m
  1   5   N

群落
秋季季相（视角2）

栾树
秋色期

东城区明城墙遗址公园示范区 04
植物群落 4

群落分析

群落位置 园路两侧

群落结构 乔–灌–草复层混交，常绿、落叶树种结合。

景观特色 群落以园路为轴基本呈对称式配植；近园路一侧的行道树为规则式种植，绿地中配植形式渐自然。群落结构空间丰富，四时可赏。春季有北美海棠可观花；夏季栾树盛开金黄满树，金枝国槐的乳白色花序与金黄色枝条色彩上和谐统一；春夏季也是林下地被展现多彩风情的时节，蓝花鼠尾草与鸡冠花形成鲜明色彩对比，且各品种芒及狼尾草等观赏草的银灰色花序为植物景观增添了一份野趣；秋季群落呈现出强烈的色彩观赏效果，'丽红'元宝枫及栾树秋色叶红艳，银杏叶色金黄，相得益彰。

苗木表

分类	植物名	株高（m）	冠幅（m）	地径（cm）	数量（株）
常绿乔木	油松	5	3.5	20	2
分类	植物名	株高（m）	冠幅（m）	胸径（cm）	数量（株）
落叶乔木	'丽红'元宝枫	5.5	3	20	6
	栾树	5	2.5	18	7
	银杏	6	1.8	20	20
	金枝国槐	3.5	1.8	15	2
	紫叶李	2.5	1.5	15	3
	'王族'海棠	2	1.5	12	7
	红枫	1.8~2	1.2	12	12

分类	植物名	株高（m）	面积（m²）
草本地被	蓝花鼠尾草	0.4	6.5
	鸡冠花	0.3	4
	狼尾草	0.6	8.5
	拂子芒	1.2	1.8
	紫芒	1.8	0.6
	格拉茨芒	1.5	0.9
	斑叶芒	1.5	1.7

群落 秋季季相（视角1）

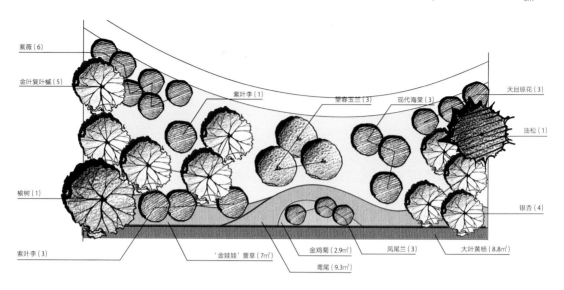

- 紫薇(6)
- 金叶复叶槭(5)
- 紫叶李(1)
- 望春玉兰(3)
- 现代海棠(3)
- 天目琼花(3)
- 油松(1)
- 榆树(1)
- 银杏(4)
- 紫叶李(3)
- '金娃娃'萱草(7m²)
- 金鸡菊(2.9m²)
- 鸢尾(9.3m²)
- 凤尾兰(3)
- 大叶黄杨(8.8m²)

0 1 3 5m
N

05 东城区明城墙遗址公园示范区 植物群落 5

油松+榆树+金叶复叶槭+银杏+望春玉兰+紫叶李+现代海棠——紫薇+天目琼花+凤尾兰+大叶黄杨（篱）——鸢尾+'金娃娃'萱草+金鸡菊

群落
秋季季相

群落分析

群落位置 园路南侧，公园南缘，城市干道北侧

群落结构 乔-灌-草复层混交。

景观特色 群落在近园路一侧营造疏林草地景观，近城市干道一侧以规则式配植营造精致的地被花卉景观。群落四季可赏，金叶复叶槭及紫叶李常年异色，可为四季增彩；春季有望春玉兰、天目琼花等可观花；夏季是紫薇、凤尾兰等灌木及鸢尾、萱草、大花金鸡菊等宿根花卉盛开的时节；秋季群落呈现出最为突出的色彩景观，银杏、金叶复叶槭及玉兰秋色叶金黄，林下的天目琼花叶色红艳，丰富了空间色彩层次。

苗木表

分类	植物名	株高(m)	冠幅(m)	地径(cm)	数量(株)
常绿乔木	油松	4.5	2.5	30	1
分类	植物名	株高(m)	冠幅(m)	胸径(cm)	数量(株)
落叶乔木	榆树	8	3	45	1
	金叶复叶槭	4	1.8	18~20	5
	银杏	6	1.5	20	4
	望春玉兰	3.5	1.5	15	3
	紫叶李	2.5	1.2	12	3
	现代海棠	2.5	1.2	12	3
分类	植物名	株高(m)	蓬径(m)	地径(cm)	数量
灌木	紫薇	1.8	1	30	6株
	天目琼花	1.2	1	25	3株
	凤尾兰	1~1.2	0.8	25	3株
	大叶黄杨（篱）	0.6	—		8.8m²
分类	植物名	株高(m)	面积（m²）		
草本地被	鸢尾	0.8	9.3		
	'金娃娃'萱草	0.35	7		
	金鸡菊	0.6	2.9		

金叶复叶槭
秋色期

玉兰
秋色期

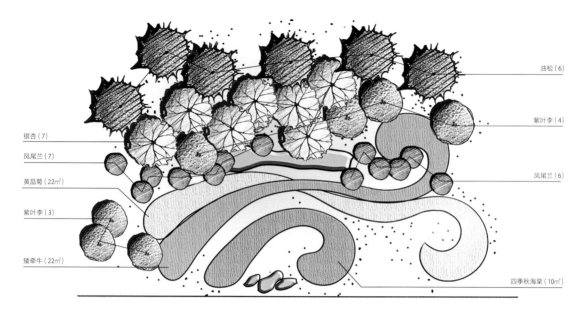

油松（6）

紫叶李（4）

凤尾兰（6）

银杏（7）

凤尾兰（7）

黄晶菊（22㎡）

紫叶李（3）

矮牵牛（22㎡）

四季秋海棠（10㎡）

06 东城区明城墙遗址公园示范区 植物群落 6

油松+银杏+紫叶李——凤尾兰——矮牵牛+四季秋海棠+黄晶菊

群落 夏季季相

凤尾兰 夏季盛花期

四季秋海棠 夏季盛花期

群落分析

群落位置 园路北侧

群落结构 乔木-灌木-草本地被，常绿、落叶树种结合。

景观特色 群落由常绿油松及紫叶李、银杏等落叶观赏树种构成背景，景石及周围点植的凤尾兰构成中景，色彩鲜艳的造型花坛构成前景，整体季相变化丰富，四季可赏。紫叶李于春季花叶同放，紫叶间点缀白花，甚是美丽；夏季凤尾兰及各地被花卉竞相开放，是群落前景及中景最佳观赏时节；秋季银杏秋色叶金黄灿烂，与紫叶李的紫红色叶形成鲜明对比，在深绿色油松的衬托下更为醒目。

苗木表

分类	植物名	株高(m)	冠幅(m)	地径(cm)	数量(株)
常绿乔木	油松	3.5	2.4	15	6

分类	植物名	株高(m)	冠幅(m)	胸径(cm)	数量(株)
落叶乔木	银杏	8	1.5	20	7
	紫叶李	3.2	2	20	7

分类	植物名	株高(m)	蓬径(m)	数量(株)
灌木	凤尾兰	0.6	0.6	13

分类	植物名	株高(m)	面积（m²）
地被	矮牵牛	0.2	22
	黄晶菊	0.2	22
	四季秋海棠	0.2	10

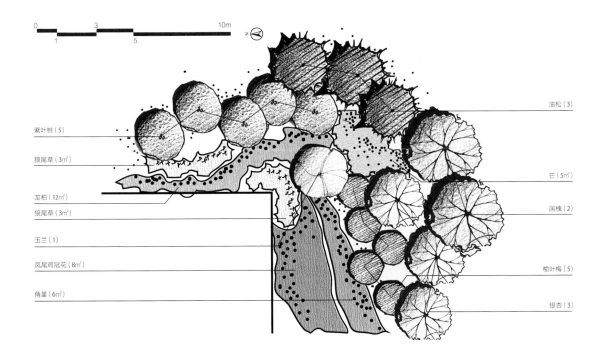

0 3 10m
1 5

N

紫叶桃（5）

狼尾草（3㎡）

龙柏（12㎡）
狼尾草（3㎡）

玉兰（1）

凤尾鸡冠花（8㎡）

角堇（6㎡）

油松（3）

芒（5㎡）

国槐（2）

榆叶梅（5）

银杏（3）

油松+国槐+银杏+紫叶桃+玉兰——榆叶梅+龙柏——狼尾草+角堇+凤尾鸡冠花+芒

东城区明城墙遗址公园示范区 植物群落 7

群落分析

群落位置 公园小广场东南角

群落结构 乔–灌–草复层混交，常绿、落叶树种结合。

景观特色 群落以油松及国槐为背景，银杏、紫叶桃、玉兰等观赏性小乔木为中景，一二年生花卉及观赏草构成的花境为前景。春季有榆叶梅、紫叶桃、玉兰等可观花，狼尾草、芒等观赏草及凤尾鸡冠等色彩鲜艳的花卉集中于盛夏盛开，大大丰富了群落色彩景观；银杏的金黄秋叶是秋季景观的焦点，观赏草枯萎时也具有一定观赏性；常绿的油松及龙柏使群落四季有绿可赏。

群落 夏季季相

苗木表

分类	植物名	株高（m）	冠幅（m）	地径（cm）	数量（株）
常绿乔木	油松	4.5～5	1.8～2	20	3
分类	植物名	株高（m）	冠幅（m）	胸径（cm）	数量（株）
落叶乔木	国槐	7	4.5	30	2
	银杏	5	2.5	25	3
	玉兰	3	1.8	20	3
	紫叶桃	3.2	2	20	5

分类	植物名	株高（m）	蓬径（m）	数量
灌木	榆叶梅	2.5	1.5	5株
	龙柏	0.4		12㎡

分类	植物名	株高（m）	面积（㎡）
地被	狼尾草	1	6
	芒	1.6	5
	凤尾鸡冠花	0.15	8
	角堇	0.15	6

狼尾草 夏季盛花期

凤尾鸡冠花 夏季盛花期

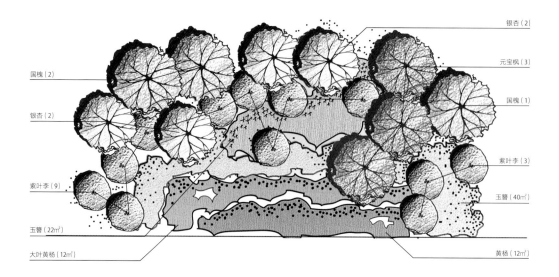

国槐（2）
银杏（2）
银杏（2）
元宝枫（3）
国槐（1）
紫叶李（9）
紫叶李（3）
玉簪（40㎡）
玉簪（22㎡）
大叶黄杨（12㎡）
黄杨（12㎡）

08 东城区明城墙遗址公园示范区
植物群落 8

国槐+银杏+元宝枫+紫叶李——大叶黄杨+黄杨—玉簪

群落　夏季季相

玉簪　夏季盛花期

紫叶李　夏季果实成熟期

群落分析

群落位置　园路北侧。

群落结构　乔木–地被形成视线较开敞群落。

景观特色　群落营造疏林–草地的植物景观。群落上层以常年异色叶及秋色叶观赏树种为主，下层由耐阴性宿根花卉——玉簪及常绿绿篱构成。群落四季可赏，以夏季及秋季景观更为突出。春季有紫叶李可观花；玉簪夏季迎来盛花期，丰富了林下地被观赏性；秋季银杏及元宝枫展现出纯粹明艳的秋色，绚烂夺目；大叶黄杨、黄杨四季常绿，保证群落整体三季有景，四季常绿。

苗木表

分类	植物名	株高（m）	冠幅（m）	胸径（cm）	数量（株）
落叶乔木	元宝枫	5	4	25	3
	国槐	9	5	25	3
	紫叶李	4	2.1	20	12
	银杏	6	2	20	4
分类	植物名	株高（m）	面积（m²）		
灌木	大叶黄杨	0.8	12		
	黄杨	0.6	12		
分类	植物名	株高（m）	面积（m²）		
草本地被	玉簪	0.4	62		

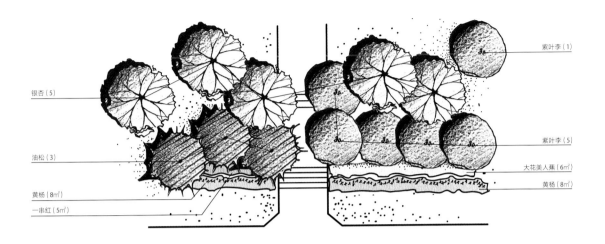

银杏（5）

油松（3）

黄杨（8m²）

一串红（5m²）

紫叶李（1）

紫叶李（5）

大花美人蕉（6m²）

黄杨（8m²）

0　　3　　　　10m
1　　　　5　　　　N

油松+银杏+紫叶李——黄杨——大花美人蕉+一串红

东城区明城墙遗址公园示范区 09
植物群落 9

群落分析

群落位置　园路北侧

群落结构　乔木-地被，常绿、落叶树种结合。

景观特色　群落借助小台地地形营造丰富的垂直景观空间，群落以夏及秋季为主要观赏季。大花美人蕉及一串红夏季盛开，丰富季相色彩；银杏秋色叶金黄灿烂、与紫叶李的常年紫红叶形成鲜明色彩对比，引人注目；油松、黄杨作为群落的常绿骨架，奠定了群落的深色基调。

群落　夏季季相

大花美人蕉　夏季盛花期

苗木表

分类	植物名	株高（m）	冠幅（m）	地径（cm）	数量（株）
常绿乔木	油松	3.5	3	20	3
分类	植物名	株高（m）	冠幅（m）	胸径（cm）	数量（株）
落叶乔木	银杏	7.5	5	25	5
	紫叶李	5.4	2.8	20	6
分类	植物名	株高（m）	面积（m²）		
灌木	黄杨	0.6	16		
分类	植物名	株高（m）	面积（m²）		
草本地被	大花美人蕉	1.2	6		
	一串红	0.4	5		

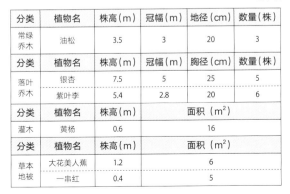

银杏　夏季果实成熟期

西城区广宁公园示范区

2016 年北京市增彩延绿科技示范重点工程之一，北京市中心区"留白增绿"建设成果。

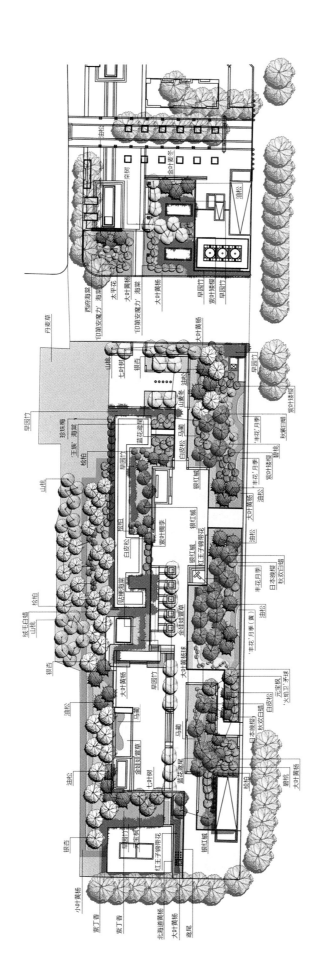

西城区广宁公园示范区 种植平面图

N

0 5 10 20m

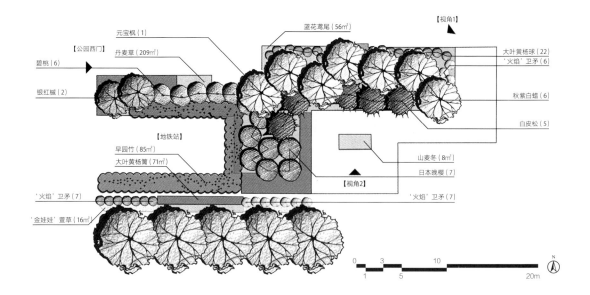

图中标注：
- 元宝枫（1）
- 【公园西门】
- 丹麦草（209㎡）
- 碧桃（6）
- 银红槭（2）
- 蓝花鸢尾（56㎡）
- 【视角1】
- 大叶黄杨球（22）
- '火焰'卫矛（6）
- 秋紫白蜡（6）
- 白皮松（5）
- 早园竹（85㎡）
- 【地铁站】
- 大叶黄杨篱（71㎡）
- 山麦冬（8㎡）
- 日本晚樱（7）
- 【视角2】
- '火焰'卫矛（7）
- '火焰'卫矛（7）
- '金娃娃'萱草（16㎡）
- 0 3 10 20m
- 1 5
- N

10 西城区广宁公园示范区植物群落 1

白皮松+秋欢白蜡+元宝枫+银红槭+日本晚樱+碧桃——早园竹——'火焰'卫矛+大叶黄杨——山麦冬+'金娃娃'萱草+蓝花鸢尾

群落 秋季季相（视角1）

群落 秋季季相（视角2）

'火焰'卫矛 秋色期

群落分析

群落位置　广场西北侧绿地

群落结构　乔–灌–草复层混交，常绿、落叶树种结合。

景观特色　群落应用大量"增彩延绿"新品种，营造四季兼彩的丰富季相景观。日本晚樱、碧桃等可春季观花，落英缤纷；鸢尾、'金娃娃'萱草夏季盛开，可丰富地被景观；秋季是群落色彩最绚丽的时期，秋紫白蜡、银红槭、元宝枫、银红槭等乔木及'火焰'卫矛叶色红艳，层林尽染，整体观赏期可持续整个秋季；冬季百木凋零之时，山麦冬因具有较长的绿色期而可于冬季持绿，并有白皮松四季常青，使得群落冬季绿意犹存。

苗木表

分类	植物名	株高（m）	冠幅（m）	地径（cm）	数量（株）
常绿乔木	白皮松	5~6	3~3.5	18~20	5

分类	植物名	株高（m）	冠幅（m）	胸径（cm）	数量（株）
落叶乔木	碧桃	2~2.5	2~2.5	8	6
	日本晚樱	4~5	2~2.5	8~10	7
	秋紫白蜡	5~6	5~5.5	13~15	6
	元宝枫	6~6.5	4.5~5	13~15	1
	银红槭	6~7	3~3.5	13~15	2

分类	植物名	株高（m）	蓬径（m）	数量	
灌木	'火焰'卫矛	1.2~1.5	1	20株	
	大叶黄杨（球）	1.2~1.5	1.2	22株	
	大叶黄杨（篱）	0.8~1	—	71㎡	

分类	植物名	株高（m）	面积（㎡）		
竹类	早园竹	3~3.5	85		

分类	植物名	株高（m）	面积（㎡）		
草本地被	山麦冬	0.15	217		
	'金娃娃'萱草	0.3	16		
	鸢尾	0.8	56		

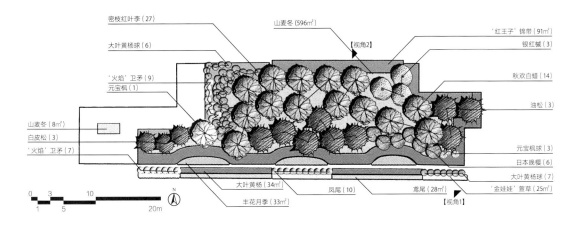

密枝红叶李（27）　山麦冬（596m²）　'红王子'锦带（91m²）
大叶黄杨球（6）　【视角2】　银红槭（3）
'火焰'卫矛（9）　秋欢白蜡（14）
元宝枫（1）　油松（3）
山麦冬（8m²）　元宝枫球（3）
白皮松（3）　日本晚樱（6）
'火焰'卫矛（7）　大叶黄杨球（7）
大叶黄杨（34m²）　凤尾（10）　鸢尾（28m²）　'金娃娃'萱草（25m²）
丰花月季（33m²）　【视角1】

0 3 10 20m
1 5 N

白皮松+油松+秋欢白蜡+日本晚樱+密枝红叶李+元宝枫——大叶黄杨+元宝枫（球）+'火焰'卫矛+'红王子'锦带+丰花月季+丝兰——山麦冬+'金娃娃'萱草+蓝花鸢尾

西城区广宁公园示范区 11
植物群落 2

群落分析

群落位置　群落位于城市干道北侧，公园南入口处

群落结构　乔-灌-草复层混交，常绿落叶树种结合。

景观特色　群落有南北两个观赏面，以油松等常绿树为背景，公园一侧为"近自然"式种植，以秋欢白蜡、银红槭及'火焰'卫矛等树种的秋色为主景，搭配以金叶麦冬、山麦冬等长绿期地被及密枝红叶李等常年异色叶树种，营造四时可赏且季相富有变化的植物景观。城市干道一侧为整形绿篱、夏花小灌木及宿根花卉构成的规则式植坛，以油松及春花树种——日本晚樱为背景，色彩明艳，观赏性较高，尤其春、夏季景观对于丰富城市界面色彩十分重要。

苗木表

分类	植物名	株高（m）	冠幅（m）	地径（cm）	数量（株）
常绿乔木	白皮松	5~6	3.5~4	15	3
	油松	6~7	4~4.5	16	9
分类	植物名	株高（m）	冠幅（m）	胸径（cm）	数量（株）
落叶乔木	日本晚樱	3~3.5	4~4.5	8~10	6
	秋紫白蜡	5.5~6	5	15~18	14
	'密枝'红叶李	3~3.5	3.5	6~7	27
	银红槭	5.5		13~15	3
	元宝枫			20	1
分类	植物名	株高（m）	蓬径（m）	数量	
灌木	大叶黄杨（球）	1.2~1.5	1	13株	
	元宝枫（球）	1~1.2	1~1.2	3株	
	'火焰'卫矛	1.2~1.5	0.8~1	16株	
	凤尾兰	0.5~0.8	0.6~0.8	10株	
	大叶黄杨（篱）	0.8~1	—	34m²	
	'红王子'锦带	1.5~1.8	—	91m²	
	丰花月季	0.8~1.2	—	33m²	
分类	植物名	株高（m）	面积（m²）		
地被	山麦冬	0.15	604		
	'金娃娃'萱草	0.3~0.4	25		
	鸢尾	0.8~1	28		

群落　夏季季相（视角1）

群落　夏季季相（视角2）

秋欢白蜡　秋色盛期

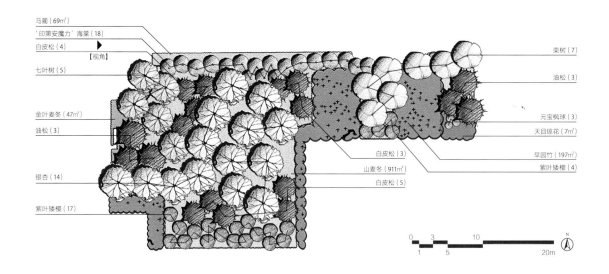

马蔺（69m²）
'印第安魔力'海棠（18）
白皮松（4）
【视角】▶
七叶树（5）

金叶麦冬（47m²）
油松（3）

银杏（14）

紫叶矮樱（17）

栾树（7）
油松（3）

元宝枫球（3）
天目琼花（7m²）
早园竹（197m²）
紫叶矮樱（4）

白皮松（3）
山麦冬（911m²）
白皮松（5）

0 3   10   N
1   5   20m

12 西城区广宁公园示范区植物群落 3

白皮松+油松+'印第安魔力'海棠+银杏+七叶树+栾树+紫叶矮樱+早园竹——元宝枫（球）+天目琼花——马蔺+山麦冬+金叶麦冬

群落 夏季季相

群落 秋季季相

群落分析

群落位置　公园东南角绿地

群落结构　乔-冠-草复层混交，常绿、落叶树种结合。

景观特色　群落以西侧、北侧及南侧为主要观赏面。西北角为小型广场，以七叶树及油松等乡土树种营造围合空间；北侧为海棠小径，'印第安魔力'海棠及其后的松、银杏营造出幽静的线性游赏空间。群落色彩丰富，四季可赏。春季有北美海棠盛开，形成以深粉色为主题色彩的景观空间；紫叶矮樱新叶红亮，春花洁白，点缀路边十分精致。夏季，地被色彩随马蔺及金叶麦冬花期的到来而丰富起来，此时，七叶树白花满树，显夏日风情。秋季以元宝枫及银杏等的灿烂秋色叶为季相特色。冬季上层有常绿松、竹，林下有长绿期（半常绿）的山麦冬等地被，群落绿意常在。

苗木表

分类	植物名	株高（m）	冠幅（m）	地径（cm）	数量（株）
常绿乔木	白皮松	5～6	3.5～4	15	12
	油松	6～7	4～4.5	16	6
分类	植物名	株高（m）	冠幅（m）	胸径（cm）	数量（株）
落叶乔木	紫叶矮樱	2.5	2～2.5	8～10	21
	'印第安魔力'海棠	3～3.5	2～2.5	8～10	18
	银杏	6～7	3.5～4	15～18	14
	七叶树	5.5～6	5	18～20	5
	栾树	5.5	5	13～15	7
分类	植物名	株高（m）	蓬径（m）	数量	
灌木	元宝枫（球）	1～1.2	1～1.2	3株	
	天目琼花	1.8～2	—	7m²	
分类	植物名	株高（m）	面积（m²）		
竹类	早园竹	3～3.5	197		
分类	植物名	株高（m）	面积（m²）		
草本地被	马蔺	0.4	69		
	山麦冬	0.15	911		
	金叶麦冬	0.15	47		

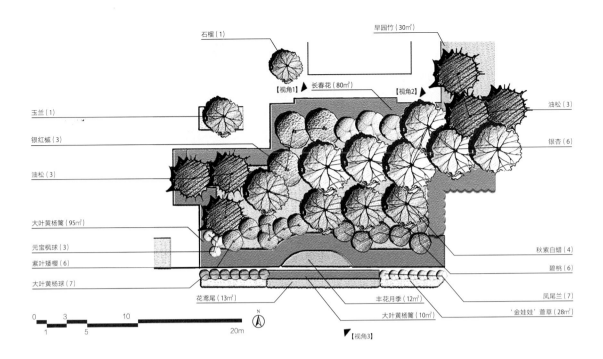

石榴（1）
早园竹（30㎡）
长春花（80㎡）
【视角1】
【视角2】
油松（3）
玉兰（1）
银红槭（3）
银杏（6）
油松（3）
大叶黄杨篱（95㎡）
元宝枫球（3）
紫叶矮樱（6）
秋紫白蜡（4）
大叶黄杨球（7）
碧桃（6）
凤尾兰（7）
花鸢尾（13㎡）
丰花月季（12㎡）
'金娃娃'萱草（28㎡）
大叶黄杨篱（10㎡）

0 3 10 20m
1 5

N

【视角3】

油松+银杏+秋紫白蜡+银红槭+玉兰+紫叶矮樱+碧桃+早园竹——凤尾兰+元宝枫
（球）+大叶黄杨+丰花月季——鸢尾+'金娃娃'萱草+长春花

西城区广宁公园示范区 13
植物群落 4

群落分析

群落位置 公园东南门小广场东侧

群落结构 乔-灌-草复层混交，常绿、落叶树种结合。

景观特色 群落以北侧、西侧及南侧为主要观赏面，树种构成及群落空间丰富，四时可赏。北侧营造林缘花海式的开阔线形游赏空间，作为前景的长春花夏季盛开，色彩艳丽，在该游赏空间的尽头（转角处）为一以早园竹为主题的园林小景，四季葱郁，古朴而富有诗意。群落近城市道路一侧借助微地形营造色彩丰富、花期交替、观赏期长的林缘花境景观，春夏可观；其后为观花小乔——紫叶矮樱及碧桃，春季盛花时节色香满园，与花境色彩相呼应。此外，银杏及秋欢白蜡作为群落背景于秋季呈现出绚丽秋色，具有很高的观赏性等。

苗木表

分类	植物名	株高（m）	冠幅（m）	地径（cm）	数量（株）
常绿乔木	油松	7~8	4~4.5	16	6
分类	植物名	株高（m）	冠幅（m）	胸径（cm）	数量（株）
落叶乔木	紫叶矮樱	2.5	2~2.5	8~10	6
	碧桃	2~2.5	2~2.5	8~10	6
	银杏	6~7	5.5~6	15~18	6
	秋紫白蜡	5.5~6	5	15~18	4
	银红槭	5.5	3	13~15	3
	玉兰	4~4.5	2.5~3	15~18	1
分类	植物名	株高（m）	蓬径（m）	数量	
灌木	凤尾兰	1.6~1.8	1	7株	
	大叶黄杨（球）	1.2~1.5	1	7株	
	元宝枫球	1~1.2	1~1.2	3株	
	大叶黄杨（篱）	0.8~1	—	105㎡	
	丰花月季	0.5~0.8	—	12㎡	
分类	植物名	株高（m）	面积（m²）		
竹类	早园竹	3~3.5	30		
分类	植物名	株高（m）	面积（m²）		
草本地被	长春花	0.2	80		
	鸢尾	0.8~1	13		
	'金娃娃'萱草	0.3	28		

群落 夏季季相（视角1）

群落 夏季季相（视角2）

群落 夏季季相（视角3）

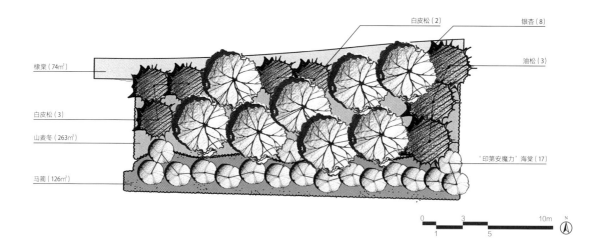

白皮松（2）　　银杏（8）

油松（3）

棣棠（74㎡）

白皮松（3）

山麦冬（263㎡）

'印第安魔力'海棠（17）

马蔺（126㎡）

0　　　3　　　10m　N
1　　5

14 西城区广宁公园示范区 植物群落 5

白皮松+油松+银杏+'印第安魔力'海棠——棣棠——山麦冬+马蔺

群落分析

群落位置　园中小路北侧，公园北缘

群落结构　乔-灌-草复层混交，常绿、落叶树种结合。

景观特色　群落以南侧及北侧为主要观赏面，以春秋为主要观赏季。近园路一侧（南侧）前景由观花小乔新品种'印第安魔力'海棠及夏花地被马蔺构成，春、夏季色彩丰富；银杏构成中景，秋色金黄明丽；油松及白皮松构成背景，四季常青。近城市道路一侧（北侧）前景由春花灌木（篱）棣棠构成，丰富了城市街景的春季色彩。

群落　秋季季相

苗木表

分类	植物名	株高（m）	冠幅（m）	地径（cm）	数量（株）
常绿乔木	白皮松	5~6	3~3.5	15	5
	油松	6~7	4~4.5	16	3
分类	植物名	株高（m）	冠幅（m）	胸径（cm）	数量（株）
落叶乔木	'印第安魔力'海棠	5	1.8~2	8~10	17
	银杏	3~3.5	4~4.5	15~18	8
分类	植物名	株高（m）	面积（㎡）		
灌木	棣棠	0.5~0.8	74		
分类	植物名	株高（m）	面积（㎡）		
草本地被	山麦冬	0.15	263		
	马蔺	0.4	126		

'印第安魔力'海棠　秋季果实成熟期

'印第安魔力' 海棠
春季盛花期

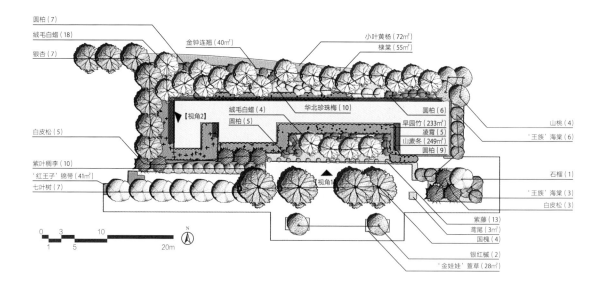

圆柏（7）
绒毛白蜡（18）
银杏（7）
金钟连翘（40m²）
小叶黄杨（72m²）
棣棠（55m²）
【视角2】
绒毛白蜡（4）
华北珍珠梅（10）
圆柏（6）
圆柏（5）
白皮松（5）
早园竹（233m²）
凌霄（5）
山麦冬（249m²）
圆柏（9）
山桃（4）
'王族'海棠（6）
紫叶稠李（10）
'红王子'锦带（41m²）
七叶树（7）
【视角1】
石榴（1）
'王族'海棠（3）
白皮松（3）
紫藤（13）
鸢尾（3m²）
国槐（4）
银红槭（2）
'金娃娃'萱草（28m²）

0 3 10
1 5 20m
N

15 西城区广宁公园示范区植物群落 6

七叶树+白皮松+圆柏+国槐+银杏+绒毛白蜡+银红槭+'王族'海棠+山桃+紫叶稠李+石榴+早园竹——小叶黄杨+棣棠+'红王子'锦带+华北珍珠梅+金钟连翘——凌霄+紫藤——山麦冬+'金娃娃'萱草+鸢尾

群落　秋季季相（视角1）

群落　秋季季相（视角2）

石榴　秋色期

群落分析

群落位置　公园南门正对小广场，廊架周围

群落结构　乔-灌-草复层混交，常绿、落叶树种结合。

景观特色　群落围绕廊架进行配植，营造色彩丰富、空间多样、季相多变的植物景观。廊架周围种植早园竹、松柏及攀缘植物凌霄和紫藤，营造绿色围合空间；并应用北美海棠、银杏、绒毛白蜡、华北珍珠梅等兼具观赏性及适应性的乔灌木，丰富廊架景观空间及色彩。廊架南侧前庭中在保证视线通透的前提下，以种植池的形式点植国槐、七叶树及银红槭等树形优美且花叶可观的树种，营造简洁明朗的景观。萱草、鸢尾、丹麦草等宿根地被不仅是低维护的植物种类，亦可丰富夏季林下色彩。

苗木表

分类	植物名	株高（m）	冠幅（m）	地径（cm）	数量（株）
常绿乔木	白皮松	5~6	2	18~20	8
	圆柏	5.5~6	1.2	14~16	27
分类	植物名	株高（m）	冠幅（m）	胸径（cm）	数量（株）
落叶乔木	'王族'海棠	3.5~4	1.8~2	8~10	6
	山桃	3~3.5	3~3.5	8~10	4
	紫叶稠李	2.5~3	1.5~1.8	8~10	10
	国槐	6~6.5	5.5~6	30	4
	银红槭	6~7	2.5~3	13~15	2
	银杏	6~7	3.5~4	18~20	7
	七叶树	5~5.5	3~3.2	18~20	7
	绒毛白蜡	6~6.5	2.8~3	15~18	22
分类	植物名	株高（m）	蓬径（m）	数量	
灌木	华北珍珠梅	1.8~2	1.5~1.8	10株	
	小叶黄杨	0.5~0.8	—	72m²	
	棣棠	0.5~0.8	—	55m²	
	'红王子'锦带	1.5~1.8	—	41m²	
	金钟连翘	1.5~2	—	40m²	
分类	植物名	数量（株）			
藤本	凌霄	5			
	紫藤	13			
分类	植物名	株高（m）	面积（m²）		
竹类	早园竹	3~3.5	233		
分类	植物名	株高（m）	面积（m²）		
草本地被	山麦冬	0.15	249		
	'金娃娃'萱草	0.3	28		
	鸢尾	0.8~1	3		

小叶黄杨（81㎡）　棣棠（41㎡）

金钟连翘（76㎡）

银杏（15）

圆柏（14）

早园竹（92㎡）

造型油松（2）

山麦冬（460㎡）

马蔺（29㎡）

'红王子'锦带（39㎡）

太平花（27㎡）

七叶树（6）

油松（5）

'王族'海棠（5）　大叶黄杨（49㎡）　银红槭（8）

鸢尾（31㎡）

0　3　10

1　5　20m

N

油松+圆柏+七叶树+银杏+银红槭+'王族'海棠+早园竹——小叶黄杨+大叶黄杨+棣棠+'红王子'锦带+太平花+金钟连翘——马蔺+山麦冬+鸢尾

西城区广宁公园示范区 16
植物群落 7

群落分析

群落位置　小广场西北角

群落结构　乔-灌-草复层混交，常绿、落叶树种结合。

景观特色　群落主要由乔木及林下灌木、地被营造西北面围合的绿色空间；群落四时可赏，以秋季景观更为突出。油松、太平花、金钟连翘加强了对场地的围合感，特别是油松与太平花亦位于整个群落的主要观赏界面上。西北角两株造型油松树态遒劲多姿，且一高一低，一捧一合，和谐一体，引人驻足观赏。背景由银杏、七叶树、银红槭等典型秋色叶树种构成，秋季叶色金黄抑或红艳，与常绿树色彩相衬更为灿烂夺目。此外，群落南侧为公园西入口，以北美海棠、'红王子'锦带等春花乔灌木营造春花烂漫的入园景观。

苗木表

分类	植物名	株高（m）	冠幅（m）	地径（cm）	数量（株）
常绿乔木	造型油松	8～9	4.5～5	20～22	2
	油松	6～7	4～4.5	15～18	5
	圆柏	5～5.5	1.5～1.8	14～16	14
分类	植物名	株高（m）	冠幅（m）	胸径（cm）	数量（株）
落叶乔木	'王族'海棠	3.5～4	2～2.5	8～10	5
	银红槭	6～7	3.5-4	13～15	8
	银杏	6～7	4～4.5	18～20	15
	七叶树	5～5.5	3.8～4.2	18～20	6
分类	植物名	株高（m）	面积（㎡）		
灌木	小叶黄杨	0.5～0.8	81		
	大叶黄杨	0.8～1	49		
	棣棠	0.5～0.8	41		
	'红王子'锦带	1.5～1.8	39		
	太平花	1.2～1.5	27		
	金钟连翘	1.5～2	76		
分类	植物名	株高（m）	面积（㎡）		
竹类	早园竹	3～3.5	92		
分类	植物名	株高（m）	面积（㎡）		
草本地被	马蔺	0.4	29		
	山麦冬	0.15	460		
	鸢尾	0.8～1	31		

群落　夏季季相（视角1）

群落　夏季季相（视角2）

银红槭　秋色期

东城区新中街城市森林公园示范区

新中街城市森林公园总面积 11042m^2，是东城区建成的第一处城市森林公园。在建设过程中，坚持生态优先，以人为本的原则，充分保护和利用现有大树，合理划分景观区域，营造近自然森林景观。

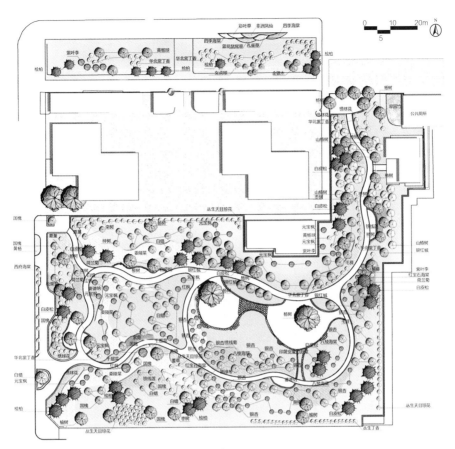

东城区新中街城市森林公园示范区　种植平面图

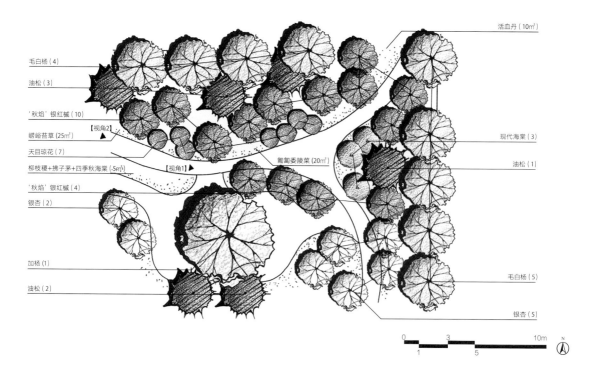

毛白杨（4）
油松（3）
'秋焰'银红槭（10）
崂峪苔草（25㎡） 【视角2】
天目琼花（7）
柳枝稷+拂子茅+四季秋海棠（.5㎡）【视角1】
'秋焰'银红槭（4）
银杏（2）
加杨（1）
油松（2）

活血丹（10㎡）
现代海棠（3）
油松（1）
葡萄委陵菜（20㎡）
毛白杨（5）
银杏（5）

0   3   10m
  1   5   N

17 东城区新中街城市森林公园示范区
植物群落 1

毛白杨+加杨+油松+'秋焰'银红槭+银杏+现代海棠——天目琼花——崂峪苔草+葡萄委陵菜+活血丹+柳枝稷+拂子茅+四季秋海棠

群落分析

群落位置　道路交叉口及小广场周围

群落结构　乔木-灌木-草本地被。

景观特色　群落在保留场地原有植被毛白杨及加杨的基础上，大量应用银杏、'秋焰'银红槭等秋色叶树种及现代海棠、天目琼花等春花树种，以常绿树种为背景，营造以秋色为主要季相特色、兼有春色可赏、垂直空间丰富、天际线多变的近森林植物景观。此外，草本层应用崂峪苔草、葡萄委陵菜、活血丹等长绿期、抗性强、低养护的乡土地被材料及观赏草，体现了生态、科学及可持续的理念。

苗木表

分类	植物名	株高（m）	冠幅（m）	地径（cm）	数量（株）
常绿乔木	油松	4.5	3	20	6
分类	植物名	株高（m）	冠幅（m）	胸径（cm）	数量（株）
落叶乔木	毛白杨	9	4.5	40	9
	加杨	10	8	70	1
	银杏	6	2	20	7
	'秋焰'银红槭	7	2.5	20	14
	现代海棠	2.5	1.5	15	3
分类	植物名	株高（m）	蓬径（m）	地径（cm）	数量（株）
灌木	天目琼花	1.5	1	10	7
分类	植物名	株高（m）	面积（m²）		
草本地被	崂峪苔草	0.25	25		
	葡萄委陵菜	0.15	20		
	活血丹	0.15	10		
	柳枝稷	1	2		
	拂子茅	1.5	2		
	四季秋海棠	0.2	1		

群落　秋季季相（视角1）

群落　秋季季相（视角2）

'秋焰'银红槭 秋色盛期

秋色盛期

东城区新中街城市森林公园示范区 植物群落 2

圆柏+国槐+银杏+丛生元宝枫+现代海棠——天目琼花——绣球+紫菀+葡萄委陵菜+狼尾草

群落分析

群落位置　公园西南门入口处及园路两侧

群落结构　乔-灌-草复层混交，常绿、落叶树种结合。

景观特色　群落以秋色叶及夏秋花为季相特色。主要秋色叶树种包括丛生元宝枫（分枝点低、拟森林树态、增添景观野趣和自然度）及银杏；夏秋花卉包括入口处的绣球及园路两侧的紫菀，为色彩相对匮乏的背景夏秋植物景观增添了亮丽色彩，特别在秋意正浓之时依然盛开的紫菀与金黄、红艳的秋色叶相得益彰。此外，群落保留了场地原有的国槐异龄林，包括大量幼株及几株长势健壮的成株等，树龄的多样性为此群落的生态演替及可持续景观的形成提供了良好基础。

苗木表

分类	植物名	株高（m）	冠幅（m）	地径（cm）	数量（株）
常绿乔木	圆柏	6	2	20	8
分类	植物名	株高（m）	冠幅（m）	胸径（cm）	数量（株）
落叶乔木	国槐（成）	9	5	40	2
	国槐（幼）	4.5~5	1.8~2	20	10
	银杏	6	2	25	10
	现代海棠	2.5	1.5	15	7
	丛生元宝枫	7	1.5~2	15~22	15
分类	植物名	株高（m）	蓬径（m）	地径（cm）	数量（株）
落叶灌木	天目琼花	1.5	1	10	7
分类	植物名	株高（m）	面积（m²）		
草本地被	葡萄委陵菜	0.1	8		
	绣球	0.4~0.5	25		
	狼尾草	0.6~0.8	4		
	紫菀	0.3	16		

群落　夏季季相（视角1）

群落　夏季季相（视角2）

紫菀　秋季盛花期

西城区复兴门绿地示范区

北京市首批增彩延绿科技示范重点工程之一，改造面积为 1.8 万 m^2 项目应用多种新优园林绿化科技成果，包括新优增彩延绿植物品种、园林绿化废弃物土壤改良和痕量灌溉节水技术等。

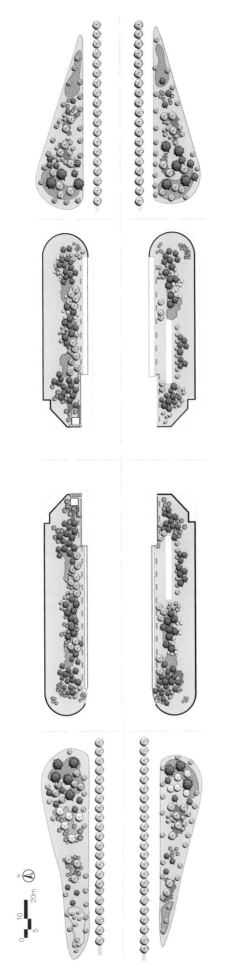

西城区复兴门绿地示范区 种植平面图

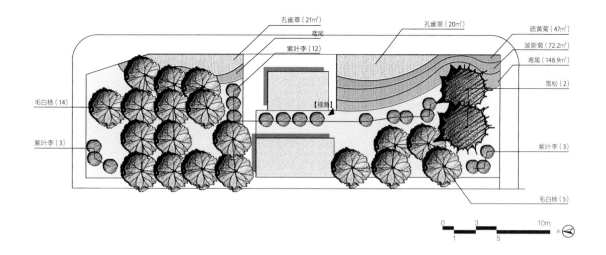

孔雀草（21㎡）
鸢尾
紫叶李（12）
孔雀草（20㎡）
硫黄菊（47㎡）
波斯菊（72.2㎡）
鸢尾（148.9㎡）
雪松（2）
毛白杨（14）
紫叶李（3）
紫叶李（3）
【视角】
毛白杨（5）

0　3　10m
1　5　z

19　西城区复兴门绿地示范区 植物群落 1

雪松+毛白杨+紫叶李——孔雀草+鸢尾+波斯菊+硫黄菊

群落　初秋季相

鸢尾　春-夏盛花期

紫叶李　常年异色叶

群落分析

群落位置　城市道路南侧街旁绿地

群落结构　乔木-地被，常绿、落叶树种结合。

景观特色　群落营造疏林草地景观，以夏季为主要观赏季。上层主要由北京乡土树种——毛白杨构成，路边以硫黄菊、波斯菊等宿根花卉营造色彩丰富的花带景观。此外，紫叶李常年异色叶可增加群落四季色彩，常绿雪松可保证群落冬季有绿可赏。

苗木表

分类	植物名	株高（m）	冠幅（m）	地径（cm）	数量（株）
常绿乔木	雪松	10	8	45	2
分类	植物名	株高（m）	冠幅（m）	胸径（cm）	数量（株）
落叶乔木	毛白杨	25	10	35	19
	紫叶李	3～3.5	2	20	18
分类	植物名	株高（m）	面积（m²）		
草本地被	孔雀草	0.3	41		
	波斯菊	0.6～0.8	72.2		
	鸢尾	0.8～1	148.9		
	硫黄菊	0.6～0.8	47		

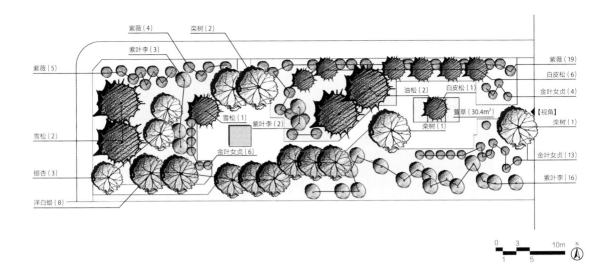

紫薇（4）　栾树（2）

紫叶李（3）

紫薇（5）

雪松（1）　紫叶李（2）

雪松（2）

金叶女贞（6）

银杏（3）

洋白蜡（8）

油松（2）　白皮松（1）

栾树（1）

萱草（30.4m²）

紫薇（19）
白皮松（6）
金叶女贞（4）
【视角】
栾树（1）
金叶女贞（13）
紫叶李（16）

0　3　10m
1　5

N

群落分析

群落位置　城市干道南侧街旁绿地

群落结构　乔-灌-草复层混交，常绿、落叶树种结合。

景观特色　群落一方面考虑绿地周围行人的观赏需求，在路边配植紫薇等花灌木及栾树等秋色叶乔木；另一方面在两个小广场周围以乔-灌-草复层结构营造绿色观赏空间。群落季相丰富，四季可赏。春季有紫叶李可观花；夏季紫薇粉花盛开，栾树满树金黄，两者花期几可持续整个夏季；秋季季相景观尤为突出，洋白蜡、栾树及银杏的秋色期相继呈现，黄-红色系的明艳秋色引人驻足观赏，极大丰富道路绿地的色彩景观。此外，雪松、油松及白皮松四季常绿，树形优美，于冬季凸显绿意。

群落　初秋季相

紫薇　夏季盛花期

苗木表

分类	植物名	株高（m）	冠幅（m）	地径（cm）	数量（株）
常绿乔木	雪松	8～10	5～8	45	3
	油松	6～7.5	5.5	20	2
	白皮松	5～6	4	20	7
分类	植物名	株高（m）	冠幅（m）	胸径（cm）	数量（株）
落叶乔木	洋白蜡	8～10	4～5	30～40	8
	栾树	12～15	6～8	25～35	4
	银杏	9	6	25	3
	紫叶李	5～6	2.5～3	15～20	21
分类	植物名	株高（m）	蓬径（m）	地径（cm）	数量（株）
灌木	金叶女贞	0.4～0.6	0.5～0.6	25	23
	紫薇	1.8～2.5	1.5～1.8	30～40	28
分类	植物名	株高（m）	面积（m²）		
草本地被	萱草	0.4	30.4		

银杏　秋色期

137

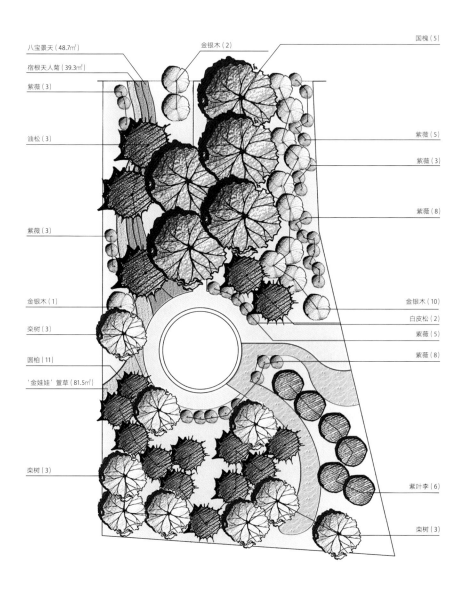

八宝景天（48.7m²）
宿根天人菊（39.3m²）
紫薇（3）

金银木（2）

国槐（5）

油松（3）

紫薇（5）
紫薇（3）

紫薇（8）

紫薇（3）

金银木（1）

栾树（3）

圆柏（11）

'金娃娃'萱草（81.5m²）

金银木（10）
白皮松（2）
紫薇（5）
紫薇（8）

栾树（3）

紫叶李（6）

栾树（3）

国槐
夏季盛花期

栾树
夏季盛花期

油松+白皮松+圆柏+国槐+栾树+紫叶李-----紫薇+金银木——八宝景天+宿根天
人菊+'金娃娃'萱草

西城区复兴门绿地示范区 21
植物群落 3

群落分析

群落位置　圆形广场及水景周围

群落结构　乔–灌–草复层混交，常绿、落叶树种结合。

景观特色　群落主要在广场以北、园路两侧营造垂直结构丰富的林荫
景观，并在圆形广场周围营造北侧郁闭而南侧视线较为开阔的半围合
空间。群落可观四时之景，并以夏、秋季季相更为突出，空间层次丰
富，游赏价值及趣味颇丰。春季金银木及紫叶李绽放，清香淡雅的白
花点缀草地；夏季，槐及栾树迎来较长花期，丰富冠层色彩，花灌木
紫薇及八宝景天等宿根花卉也于此时绽放，尽显夏日风情，形成缤纷
多彩的林下景观；秋季栾树秋色红艳，更有圆柏相映衬，从广场向南
望去，颇具北京地带性植被类型——针阔叶混交林秋色盛景的缩影。

苗木表

分类	植物名	株高（m）	冠幅（m）	地径（cm）	数量（株）
常绿乔木	圆柏	10	2	35	11
	白皮松	6	2.5	20	2
	油松	7	3	20	3
分类	植物名	株高（m）	冠幅（m）	胸径（cm）	数量（株）
落叶乔木	国槐	8～10	5～5.5	35～40	5
	栾树	7.5～8.5	2.8～3	30	9
	紫叶李	3.5～4.5	2	12～15	6
分类	植物名	株高（m）	蓬径（m）	地径（cm）	数量（株）
灌木	紫薇	2	0.6～0.8	30～40	35
	金银木	2.5～3	1.8～2	40～45	13
分类	植物名	株高（m）	面积（m²）		
地被	八宝景天	0.5	48.7		
	宿根天人菊	0.6	39.3		
	'金娃娃'萱草	0.3	81.5		

群落　夏季季相

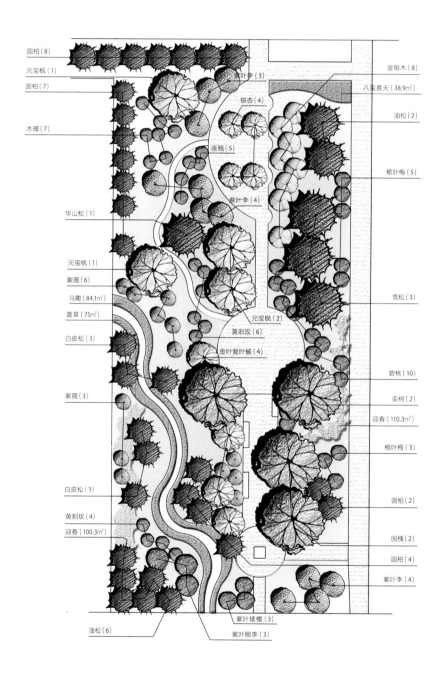

圆柏（8）

元宝枫（1）

圆柏（7）

木槿（7）

华山松（1）

元宝枫（1）

紫薇（6）

马蔺（84.1㎡）

萱草（75㎡）

白皮松（3）

紫薇（3）

白皮松（3）

黄刺玫（4）

迎春（100.3㎡）

油松（6）

紫叶李（3）

银杏（4）

连翘（5）

紫叶李（4）

元宝枫（2）

黄刺玫（6）

金叶复叶槭（4）

紫叶矮樱（3）

紫叶稠李（3）

金银木（8）

八宝景天（38.9㎡）

油松（2）

榆叶梅（5）

雪松（3）

碧桃（10）

栾树（2）

迎春（110.3㎡）

榆叶梅（3）

圆柏（2）

国槐（2）

圆柏（4）

紫叶李（4）

0　3　　　10m
1　　5

140

黄刺玫
春季盛花期

紫叶稠李
春季盛花期

圆柏+白皮松+油松+雪松+华山松+元宝枫+国槐+银杏+栾树+金叶复叶槭+紫叶稠李+紫叶矮樱+紫叶李+碧桃——连翘+黄刺玫+紫薇+金银木+迎春+木槿+榆叶梅——八宝景天+马蔺+萱草

西城区复兴门绿地示范区植物群落 4

群落分析

群落位置 绿地中轴路两侧

群落结构 乔-灌-草复层混交，常绿、落叶树种结合。

景观特色 群落主要沿中轴路、中心广场及支路配植。中轴路及广场周围以元宝枫、栾树、国槐、金叶复叶槭等观花、观秋色叶落叶大乔木及油松等常绿树形成围合空间及主要透景线，搭配以碧桃、榆叶梅、紫薇、迎春等观花灌木及地被，营造围合性强的线性林荫空间及视野较为开阔的广场绿色空间。绿地中有小路蜿蜒而过，其周围植物景观特色及空间变化更为丰富，营造了步移景异的游赏效果。

苗木表

分类	植物名	株高(m)	冠幅(m)	地径(cm)	数量(株)
常绿乔木	圆柏	9	1.8	35	21
	白皮松	6	2	20	6
	油松	5	2~2.5	20	8
	雪松	9	3.5	45	3
	华山松	7	3	25	1
分类	植物名	株高(m)	冠幅(m)	胸径(cm)	数量(株)
落叶乔木	元宝枫	8	3.8	25~30	4
	国槐	8~10	5~5.5	35~40	2
	银杏	6	1.8	25	4
	栾树	10~12	4.8~5	30	2
	金叶复叶槭	6	2.5	20	4
	紫叶稠李	4	1.5~1.8	15	3
	紫叶矮樱	3	1.8~2	12	3
	紫叶李	4.5~5	1.8~2	12~15	11
	碧桃	1.8~2	1.2~1.5	10~15	10
分类	植物名	株高(m)	蓬径(m)	地径(cm)	数量
灌木	榆叶梅	2~2.5	1~1.2	10	8株
	木槿	3~3.5	0.8~1	12	7株
	连翘	1.8~2	0.8	40	5株
	黄刺玫	1.6~1.8	0.6~0.8	40	10株
	紫薇	2	1~1.2	30~40	6株
	金银木	2.5~3	1.5~1.8	40~45	8株
	迎春	0.6~0.8	—	—	210.6m²
分类	植物名	株高(m)	面积(m²)		
地被	八宝景天	0.5~0.6	38.9		
	马蔺	0.3~0.4	84.1		
	萱草	0.4~0.5	75		

群落 夏季季相

丰台区北宫国家森林公园示范区

北宫国家森林公园位于北京市西郊，地处丰台区西北丘陵浅山区，占地面积 200hm²，是距离市中心最近最大的国家 AAAA 级景区。示范区根据不同示范类型选择相应优良"增彩延绿"植物品种，将绿色科技转化为成果，打造适合当地的多层次植物景观，增加森林碳汇效果。

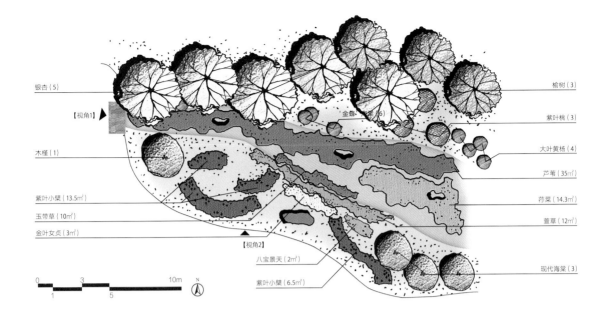

银杏（5）

【视角1】

木槿（1）

紫叶小檗（13.5㎡）

玉带草（10㎡）

金叶女贞（3㎡）

榆树（3）

紫叶桃（3）

金鸡菊（6）

大叶黄杨（4）

芦苇（35㎡）

荇菜（14.3㎡）

萱草（12㎡）

现代海棠（3）

八宝景天（2㎡）

紫叶小檗（6.5㎡）

【视角2】

0 3 10m
1 5 N

银杏+榆树+现代海棠+木槿+紫叶桃——紫叶小檗+大叶黄杨+金叶女贞——玉带草+萱草+八宝景天+芦苇+荇菜

丰台区北宫国家森林公园示范区 23
植物群落 1

群落分析

群落位置 "芳泽溪"景点的浅滩及自然驳岸

群落结构 乔–灌–草复层混交，陆生、水生、湿生植被结合。

景观特色 群落以浅滩为基底展现了富有野趣的湿地景观。水生及湿生植被由芦苇、荇菜、玉带草等构成；陆生植被上层由典型秋色叶树种银杏及乡土树种榆树构成，中层由观花小乔木现代海棠、木槿等及常年异色叶的紫叶桃等构成，地被层以萱草、紫叶小檗（篱）、金叶女贞（篱）及自生草本构成；营造色彩丰富、季相多变、兼具观赏性及栖息地生态功能的近自然郊野风光。

群落 夏季季相（视角1）

群落 夏季季相（视角2）

苗木表

分类	植物名	株高（m）	冠幅（m）	胸径（cm）	数量（株）
落叶乔木	榆树	6	3.5	20	3
	现代海棠	2.5	2～2.5	13	3
	银杏	8	4.5	10	5
	木槿	4	2.5	10	1
	紫叶桃	1.8	1.5	10	3
分类	植物名	株高（m）	蓬径（m）	地径（cm）	数量
灌木	大叶黄杨	0.8	0.8	40	7株
	紫叶小檗	0.8	—	—	20㎡
	金叶女贞	0.8	—	—	3㎡
分类	植物名	面积（m²）			
草本地被	芦苇	35			
	荇菜	14.3			
	玉带草	10			
	萱草	12			
	八宝景天	2			

紫叶小檗 春季盛花期

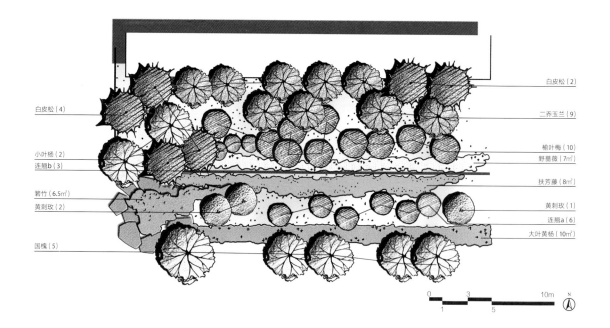

白皮松（4）

小叶杨（2）
连翘b（3）

箬竹（6.5m²）
黄刺玫（2）

国槐（5）

白皮松（2）

二乔玉兰（9）

榆叶梅（10）
野蔷薇（7m²）

扶芳藤（8m²）

黄刺玫（1）
连翘a（6）
大叶黄杨（10m²）

0 3 10m
1 5 N

24 丰台区北宫国家森林公园示范区植物群落 2

白皮松+小叶杨+二乔玉兰+国槐——黄刺玫+连翘+野蔷薇+榆叶梅+大叶黄杨——扶芳藤——箬竹

群落　初秋季相

二乔玉兰　秋色叶

二乔玉兰　春季盛花期

群落分析

群落位置　园林建筑古楼南侧、园路北侧的二层台地上

群落结构　乔-灌-地被复层混交，常绿落叶树种结合。

景观特色　群落以北侧古楼及南侧园路为主要观赏面，借助台地地形，营造垂直空间丰富的植物景观，且在道路拐角处以置石及箬竹的精细搭配营造中国国古典园林式的古朴意境。群落四季可赏，以春季季相更为突出。春季二乔玉兰、连翘、黄刺玫等观花乔灌木陆续开放，在白皮松及古楼石墙的映衬下尤为优雅动人；夏季迎来野蔷薇及国槐的花期；秋季小叶杨、国槐及二乔玉兰展现金黄秋色，灿烂夺目；冬季有大叶黄杨、扶芳藤、箬竹及白皮松等常绿植物装点绿意。

苗木表

分类	植物名	株高（m）	冠幅（m）	地径（cm）	数量（株）
常绿乔木	白皮松	6	3	15	6
分类	植物名	株高（m）	冠幅（m）	胸径（cm）	数量（株）
落叶乔木	小叶杨	7	3.5	20	2
	二乔玉兰	5	3	15	9
	国槐	7	4	20	5
分类	植物名	株高（m）	蓬径（m）	地径（cm）	数量
灌木	榆叶梅	2	2	15	10株
	黄刺玫	0.8	1	10	3株
	连翘a	1.5	1.5	30	6株
	连翘b	1	1	20	3株
	大叶黄杨	0.8	—	—	10m²
	野蔷薇	1.2	—	—	7m²
分类	植物名	面积（m²）			
藤本	扶芳藤	8			
分类	植物名	株高（m）	数量（m²）		
竹类	箬竹	0.4	6.5		

北京"增彩延绿"科技创新工程的居住区绿化示范点。
示范区大量运用增彩延绿新优乔灌木及节水型宿根地
被。植物品种的多样性保证了示范区生物多样性的增
加、负氧离子浓度升高及森林碳汇等。

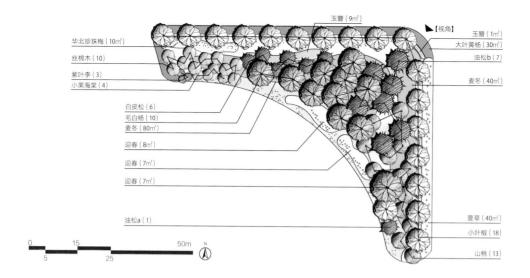

华北珍珠梅（10㎡）
丝棉木（10）
紫叶李（3）
小果海棠（4）

白皮松（6）
毛白杨（10）
麦冬（80㎡）
迎春（8㎡）

迎春（7㎡）

迎春（7㎡）

油松a（1）

玉簪（9㎡）

【视角】

玉簪（1㎡）
大叶黄杨（30㎡）
油松b（7）
麦冬（40㎡）

萱草（40㎡）
小叶椴（18）
山桃（13）

0 15 50m
5 25 N

25 朝阳区和谐雅园社区示范区植物群落 1

白皮松+油松+毛白杨+小叶椴+丝绵木+榆树+小果海棠+山桃+紫叶李——华北珍珠梅+大叶黄杨+迎春——萱草+麦冬+玉簪

群落 秋季季相

小叶椴 秋色期

小叶椴 夏季盛花期

群落分析

群落位置　群落位于和谐雅园小区绿地

群落结构　乔-灌-草复层混交，常绿、落叶树种结合。

景观特色　群落以北京乡土树种毛白杨、小叶椴、丝绵木及油松营造乔木-地被的植物景观。群落季相丰富、四时可赏。春季有迎春、山桃、西府海棠、紫叶李等依次开放，色彩明亮、春意满园；夏季，小叶椴、华北珍珠梅及麦冬、玉簪、萱草等地被迎来盛花期，为夏季季相增彩，且小叶椴是优良的蜜源树种，具较高生态效益；秋季小叶椴秋色叶金黄灿烂，丝绵木红艳，观赏性极佳；冬季松柏常绿。

苗木表

分类	植物名	株高（m）	冠幅（m）	地径（cm）	数量（株）
常绿乔木	油松a	3	2.6	15	1
	油松b	5.5～6	4～5	20～25	7
	白皮松	7	3.5～4	25	6
分类	植物名	株高（m）	冠幅（m）	胸径（cm）	数量（株）
落叶乔木	小叶椴	4～6	5～5.5	20～28	18
	山桃	4～4.8	3～3.5	15～20	13
	毛白杨	15～18	6.5～7	30～40	10
	丝棉木	6～6.5	2.5～3	15～20	10
	紫叶李	2.5～3	1.2～1.8	10～12	3
	小果海棠	4.5～5	2	18～20	4
	榆树	12	8	25	1
分类	植物名	株高（m）	面积（m²）		
灌木	华北珍珠梅	1.6～1.8	10		
	大叶黄杨	0.8～1	30		
	迎春	0.6～0.8	15		
草本地被	萱草	0.5	40		
	麦冬	0.3	120		
	玉簪	0.7	10		

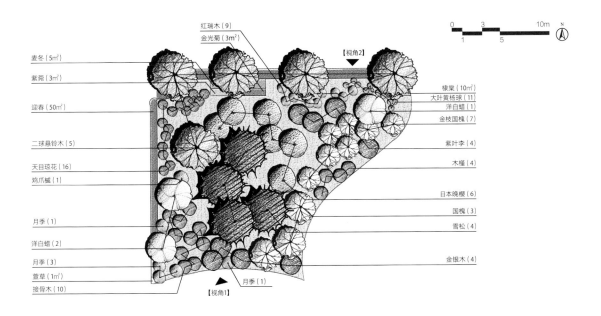

红瑞木（9）
金光菊（3m²）
【视角2】

麦冬（5m²）
紫菀（3m²）
迎春（50m²）
二球悬铃木（5）
天目琼花（16）
鸡爪槭（1）
月季（1）
洋白蜡（2）
月季（3）
萱草（1m²）
接骨木（10）
月季（1）
【视角1】

棣棠（10m²）
大叶黄杨球（11）
洋白蜡（1）
金枝国槐（7）
紫叶李（4）
木槿（4）
日本晚樱（6）
国槐（3）
雪松（4）
金银木（4）

0 3 10m
1 5

雪松+二球悬铃木+洋白蜡+国槐+紫叶李+日本晚樱+鸡爪槭——大叶黄杨+金银木+接骨木+红瑞木+天目琼花+木槿+棣棠+月季+迎春——萱草+紫菀+金光菊+麦冬

群落分析

群落位置　和谐雅园入口绿地

群落结构　乔-灌-地被复层混交，常绿落叶树种结合。

景观特色　群落空间及色彩丰富，四时可赏，且四周皆为观赏面，作为入口景观给人以强烈的视觉印象。春季有日本晚樱、迎春、金银木、棣棠等观花乔灌木盛开，春花烂漫、生机盎然；国槐、接骨木及月季、萱草、麦冬等林下地被夏季迎来花期，丰富夏季季相色彩；秋季有白蜡、悬铃木、红瑞木、鸡爪槭等展现绚丽秋色，而值百木始萧条之际盛开的紫菀则为秋季景观增添了生机与活力；雪松常绿、树形优美，生长季可作为景观背景而冬季则成为景观焦点。

苗木表

分类	植物名	株高（m）	冠幅（m）	地径（cm）	数量（株）
常绿乔木	雪松	9~10	4~4.5	30~40	4
分类	植物名	株高（m）	冠幅（m）	胸径（cm）	数量（株）
落叶乔木	二球悬铃木	13~15	4.5~5	35~40	5
	洋白蜡	9~10	3	25~30	3
	紫叶李	3.5~4	1.8~2	15~20	4
	金枝国槐	4.5~5.5	2~2.5	12~16	7
	国槐	10~12	3.5	25~30	3
	日本晚樱	5~6	2.8~3	15~20	6
	鸡爪槭	2.5~3	1.2~1.5	10~12	1
分类	植物名	株高（m）	蓬径（m）	数量	
灌木	月季	1.2~1.5	1.2	5株	
	金银木	2~2.5	1.8~2	4株	
	大叶黄杨（球）	0.8~1	0.6~0.8	11株	
	红瑞木	1.6~1.8	1~1.2	9株	
	天目琼花	1.8~2	1~1.2	16株	
	接骨木	2~2.5	1.5~1.8	10株	
	木槿	1.8~2	1.5	4株	
	棣棠	0.5~0.6	—	10m²	
	迎春	0.4~0.6	—	50m²	
分类	植物名	株高（m）	面积（m²）		
草本地被	萱草	0.6	1		
	紫菀	0.3~0.4	3		
	金光菊	0.5~0.8	3		
	麦冬	0.15	5		

群落　夏季季相（视角1）

群落　夏季季相（视角2）

二球悬铃木　秋色期

通州区东郊湿地公园示范区（I、II期）

北京园林绿化增彩延绿科技创新工程通州东郊湿地公园示范区（I、II期）位于通州、顺义、朝阳三区交界地带，施工面积5万㎡。示范工程增加植物品种和景观配置，提高物种多样性，形成稳定的生态系统和优美景观；利用园林剩余物产物对土壤进行改良，提升土壤质量；通过微地形整理，增加节水措施，提升园区水分利用率。

芦苇（200㎡）

香蒲（50㎡）

萱草（150㎡）

旱柳（13）

旱柳（11）

元宝枫（2）

0 3   10
1   5   20m

旱柳+元宝枫——萱草+芦苇+香蒲

通州区东郊湿地公园示范区（Ⅰ、Ⅱ期） 27
植物群落1

群落分析

群落位置　水塘及周围

群落结构　乔木–地被组成疏朗通透的群落。

景观特色　群落以旱柳、芦苇等为主要植物构成，营造景观纯粹、视野开阔的大尺度郊野湿地风貌。旱柳展叶早、落叶晚，可有效延长群落绿色观赏期；夏季是芦苇等湿生及水生草本盛开的时节，特别是芦苇的银白色花序随风摇曳，优美恣意；秋季是群落色彩变化最为突出的时期，旱柳细密的秋色叶及枯萎的芦苇荡展现出金黄灿烂的秋色景象，颇具郊野风情。此外，芦苇丛是涉禽、水禽等鸟类的理想栖息地，具有重要的生物多样性支撑功能。

群落　初春季相

群落　仲春季相

苗木表

分类	植物名	株高（m）	冠幅（m）	胸径（cm）	数量（株）
落叶乔木	旱柳	12	5～5.5	30～40	24
	元宝枫	8	5	25	2
分类	**植物名**	**面积（m²）**			
草本地被	萱草	150			
分类	**植物名**	**面积（m²）**			
水生草本	芦苇	200			
	香蒲	50			

群落　暮春季相

通州区东六环西辅路示范区（I、II期）

通州区东六环西辅路示范区是2015年北京市首批增彩延绿科技示范工程之一。示范区选择优良"增彩延绿"植物品种，将绿色科技转化为成果，打造适合当地的多层次植物景观，达到平均绿期延长30天、观赏期延长50天，为北京打造观赏期长、观赏效果佳的道路绿化景观起到引领示范作用。

通州区东六环西辅路示范区（I、II期）种植平面图

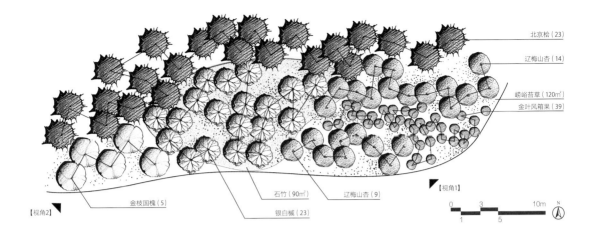

北京桧（23）
辽梅山杏（14）
崂峪苔草（120m²）
金叶风箱果（39）

【视角1】

石竹（90m²）　辽梅山杏（9）

金枝国槐（5）
银白槭（23）

【视角2】

0　3　10m
1　5　N

通州区东六环西辅路示范区（I、II期）28

植物群落1

群落分析

群落位置　园路北侧

群落结构　乔-灌-地被，常绿、落叶树种结合。

景观特色　群落主要营造疏林-地被景观，大量应用"增彩延绿"新品种。北京桧构成群落常绿背景；常年异色叶树种银白槭、金枝国槐及春花树种辽梅山杏构成群落中前景上层，其春夏可观花，秋季可观秋色叶，为群落四季增彩。林下地被由金叶风箱果及崂峪苔草、石竹等宿根草本构成，金叶风箱果春可观白花、夏可观红果、秋可观红叶，崂峪苔草耐旱耐水湿、绿期长且养护成本低，石竹亦具有较强抗性和适应性，同时花期色彩明艳。此外金枝国槐作为观干树种，金色的枝条是沉闷冬季里的一抹亮色。

群落　夏季季相（视角1）

苗木表

分类	植物名	株高（m）	冠幅（m）	地径（cm）	数量（株）
常绿乔木	北京桧	3.5	2.5～2.8	15	23
分类	植物名	株高（m）	冠幅（m）	胸径（cm）	数量（株）
落叶乔木	金枝国槐	5.5～6	2.8～3	25	5
	辽梅山杏	3.5～4	1.8～2	15～18	23
	银白槭	6.5～7	2.5～3	16～20	23
分类	植物名	株高（m）	蓬径（m）	数量（株）	
灌木	金叶风箱果	1.2～1.5	0.6～0.8	39	
分类	植物名	面积（m²）			
草本地被	石竹	90			
	崂峪苔草	120			

群落　秋季季相（视角2）

151

辽梅山杏
春季盛花期

金叶风箱果
春季盛花期

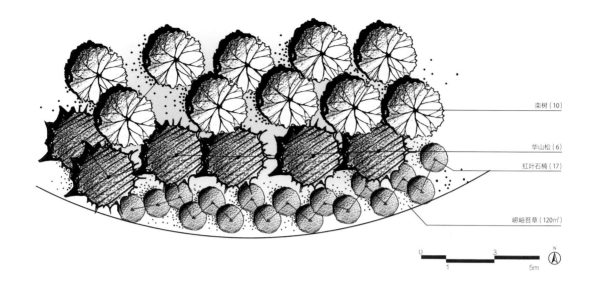

栾树（10）

华山松（6）

红叶石楠（17）

崂峪苔草（120㎡）

0   3   N
  1   5m

华山松+栾树——红叶石楠——崂峪苔草

29 通州区东六环西辅路示范区（Ⅰ、Ⅱ期）植物群落 2

群落分析

群落位置 园路北侧

群落结构 乔木-地被，常绿、落叶树种结合。

景观特色 群落以"增彩"及"延绿"为景观特色，四季可赏。"增彩"树种包括可观秋色叶及夏花的北京乡土树种栾树及常年彩叶灌木红叶石楠，"延绿"景观由具有较高生态效益及生态适应性的常绿针叶树华山松及绿期长的林下地被崂峪苔草构成。值得注意的是红叶石楠为边缘树种，需要良好的小气候环境才可生长，不宜盲目扩大应用范围。

群落　夏季季相

红叶石楠　常年异色叶

栾树　秋色期

苗木表

分类	植物名	株高（m）	冠幅（m）	地径（cm）	数量（株）
常绿乔木	华山松	3.8～4	2～2.5	18～20	6
分类	植物名	株高（m）	冠幅（m）	胸径（cm）	数量（株）
落叶乔木	栾树	5～5.5	2.3～2.6	20～25	10
分类	植物名	株高（m）	蓬径（m）	地径（cm）	数量（株）
灌木	红叶石楠	1～1.2	0.8～1	10	17
分类	植物名	面积（m²）			
草本地被	崂峪苔草	120			

海淀区阜成路道路绿化示范区西起航天桥，东至三里河，是北京市增彩延绿创新示范工程中的一处示范区，是北京三环到二环的重要联络线。改变现有半围合式的桧柏篱，将绿地空间打开，在增加观花植物的同时改善绿期短的问题，通过常绿植物、彩叶植物、地被植物的合理配置，形成有层次、色彩丰富的路口景观。

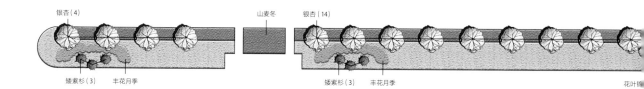

银杏（4）　山麦冬　银杏（14）

矮紫杉（3）　丰花月季　　矮紫杉（3）　丰花月季　　　　　　　　　　花叶锦

海淀区阜成路银杏大道景观提升示范区
植物群落 1

银杏+矮紫杉——龙柏（球）+'火焰'卫矛（球）+丰花月
季+花叶锦带——假龙头+矾根+山麦冬

群落分析

群落位置　阜成路南侧

群落结构　乔-灌-草，常绿、落叶
树种结合。

景观特色　群落位于城市干道一
侧，以银杏为主要树种及景观框
架，植被结构整体疏朗简洁、清
晰有秩，对城市交通起到一定引
导作用；而在路口处以花带及小
灌木营造较为精致的景观，可为
城市道路景观增彩，同时可满足
行人的观赏需求。群落四时可
赏。春季有花叶锦带盛开；夏季
迎来月季及矾根、假龙头等宿根
的盛花期，丰富林下色彩；秋季
群落上层银杏金黄，下层卫矛红
艳，秋色美不胜收；冬季有常绿
的矮紫杉及龙柏点绿，此外丹麦
草绿色期可至冬季，延长了群落
整体绿色观赏期。

群落
初秋季相

苗木表

分类	植物名	株高（m）	冠幅（m）	胸径（cm）	数量（株）
落叶乔木	银杏	7.5～8	5	30～40	24

分类	植物名	株高（m）	蓬径（m）	数量	
灌木	矮紫杉	1.6～1.8	1.2	6株	
	龙柏（球）	0.5～0.8	0.6～0.8	18株	
	'火焰'卫矛（球）	1～1.2	0.8～1	6株	
	花叶锦带	1.2～1.5	—	227m²	
	丰花月季	0.8～1	—	64m²	

分类	植物名	株高（m）	面积（m²）		
地被	假龙头	0.5～0.6	30.8		
	矾根	0.2～0.3	82.4		
	山麦冬	0.1	606.4		

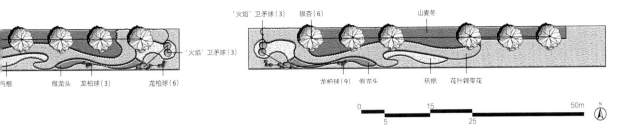

'火焰'卫矛球(3)　银杏(6)　　山麦冬

'火焰'卫矛球(3)

风根　　假龙头　龙柏球(3)　　龙柏球(6)

龙柏球(9)　假龙头　　　矾根　花叶锦带花

0　　　　　　15　　　　　　　50m

5　　　　　　25

矮紫杉
夏季果实成熟期

丰花月季
夏季盛花期

'火焰'卫矛
秋色期

銀杏
秋色期

图书在版编目（CIP）数据

北京园林绿化多彩植物群落案例 = COLORFUL PLANT
COMMUNITIES IN BEIJING URBAN GREEN SPACES / 董丽等
著. —北京：中国建筑工业出版社，2019.2
　　ISBN 978-7-112-24680-9

Ⅰ.①北… Ⅱ.①董… Ⅲ.①园林植物–植物群落–
案例–北京　Ⅳ.①S688

中国版本图书馆CIP数据核字（2020）第022135号

责任编辑：兰丽婷
书籍设计：韩蒙恩
责任校对：焦　乐

北京园林绿化多彩植物群落案例

Colorful Plant Communities in Beijing Urban Green Spaces

董丽　等著

*

中国建筑工业出版社出版、发行（北京海淀三里河路9号）
各地新华书店、建筑书店经销
北京锋尚制版有限公司制版
北京富诚彩色印刷有限公司印刷
*

开本：787毫米×1092毫米　1/16　印张：10½　插页：2　字数：196千字
2020年11月第一版　2020年11月第一次印刷
定价：125.00元
ISBN 978-7-112-24680-9
　　（35190）